电子技术实验与 EDA 仿真

姜杏辉　张桂炉　编著

苏州大学出版社

图书在版编目(CIP)数据

电子技术实验与EDA仿真/姜杏辉,张桂炉编著.——苏州:苏州大学出版社,2023.11
ISBN 978-7-5672-4556-3

Ⅰ.①电… Ⅱ.①姜… ②张… Ⅲ.①电子电路-电路设计-计算机辅助设计-高等学校-教材 Ⅳ.①TN702.2

中国国家版本馆CIP数据核字(2023)第229295号

电子技术实验与EDA仿真
DIANZI JISHU SHIYAN YU EDA FANGZHEN

姜杏辉 张桂炉 编著
责任编辑 杨 冉

苏 州 大 学 出 版 社 出 版 发 行
(地址:苏州市十梓街1号 邮编:215006)
江苏凤凰数码印务有限公司印装
(地址:南京市栖霞区尧新大道399号 邮编:210046)

开本 787 mm×1 092 mm 1/16 印张 17 字数 383 千
2023年11月第1版 2023年11月第1次印刷
ISBN 978-7-5672-4556-3 定价:58.00元

图书若有印装错误,本社负责调换
苏州大学出版社营销部 电话:0512-67481020
苏州大学出版社网址 http://www.sudapress.com
苏州大学出版社邮箱 sdcbs@suda.edu.cn

PREFACE / 前言

  电子技术实验是电子信息及测控类专业必修的一门实验课,也是实践性很强的一门基础课程。根据电子技术理论由易到难进行相应的实验,是该门课程的主要学习方法,需要学生自己动手完成一定量的操作实验,将抽象化的电子基础知识通过实验直观地展现出来。电子技术包括模拟电子技术(以下可简称"模电")和数字电子技术(以下可简称"数电"),为使学生能够对所学模电和数电知识掌握得更牢固、更扎实,故结合实际课堂教学情况编写了这本综合实验教材。通过对本教材的学习,学生能够充分理解抽象化的电子技术理论,使电子技术学习变得具象化。

  本教材强调知识与技能的融合,介绍了常用元器件的识别和检测技巧,以及基本实验电路的原理与实验过程,除此之外,还着重介绍了基于电子电路仿真软件 Multisim 的线上实验方法,同时对每个实验录制了相应的仿真软件操作视频。以实验为载体,通过线上线下相结合的方式,能够更好地满足学生个性化发展的需求,丰富学生的实践能力。

  本教材共有 7 章内容,第 1 章介绍了常用线性元件的种类、型号识别方法和检测方法;第 2 章介绍了常用非线性元件的种类、型号识别和检测方法;第 3 章介绍了集成电路的识别和检测方法;第 4 章介绍了实验室常用的几种仪器;第 5 章介绍了 EDA 仿真实验基础;第 6 章列举了典型的模拟电子实验,包括三极管、运算放大器、电源整流与滤波电路等基本的器件及其搭建的实验回路;第 7 章列举了典型的数字电子实验,包括组合逻辑电路、编码器与译码器、脉冲分配器与 555 时基电路等。

  本教材所用的电子电路仿真软件是 Multisim 11,对于仿真软件不熟悉的读者,可先学习第 5 章的内容,熟悉软件的界面、基本操作和调试仿真方法,在使用其他版本的仿真软件时也可参考本章的内容。

  由于编者水平有限,书中难免有疏漏和不妥之处,恳请读者批评指正。

编者

2022 年 10 月

Contents / 目录

第1章 常用的线性电子元件
1.1 电阻器 ········ 1
1.2 电容器 ········ 10
1.3 电感器 ········ 20

第2章 常用的非线性电子元件
2.1 二极管 ········ 25
2.2 三极管 ········ 31
2.3 场效应管 ········ 36

第3章 集成电路
3.1 集成电路的类型及封装特点 ········ 40
3.2 集成电路型号和引脚的识别 ········ 42
3.3 集成电路的基本应用参数及使用时的注意事项 ········ 45
3.4 集成电路的检测方法及技巧 ········ 46

第4章 常用实验仪器介绍
4.1 万用表 ········ 48
4.2 信号发生器 ········ 58
4.3 直流电源 ········ 66
4.4 示波器 ········ 70

第5章 EDA仿真实验基础
5.1 Multisim仿真软件 ········ 82
5.2 Multisim元器件库 ········ 93
5.3 Multisim虚拟测量仪器 ········ 102
5.4 电子电路搭建与仿真 ········ 110
5.5 电路仿真的基本分析方法 ········ 121

第6章 模拟电子实验

6.1 共射极单管放大器 …………………………………………………………… 129
6.2 负反馈放大器 …………………………………………………………………… 139
6.3 集成运算放大器指标测试 ……………………………………………………… 144
6.4 模拟运算电路与波形发生器 …………………………………………………… 152
6.5 RC 正弦波振荡器 ………………………………………………………………… 164
6.6 低频功率放大器 OTL(Output-transformerless) …………………………… 170
6.7 集成稳压电路 …………………………………………………………………… 176
6.8 晶体管收音机 …………………………………………………………………… 181

第7章 数字电子实验

7.1 组合逻辑电路的分析与设计 …………………………………………………… 186
7.2 译码器及其应用 ………………………………………………………………… 194
7.3 计数器及其应用 ………………………………………………………………… 203
7.4 脉冲信号源的制作和脉冲分配器的应用 ……………………………………… 211
7.5 555 时基电路及应用 …………………………………………………………… 218

附录1 放大器干扰、噪声抑制和自激振荡的消除 ………………………………… 227
附录2 实验报告格式 …………………………………………………………………… 231

第1章 常用的线性电子元件

通常,电阻器、电容器和电感器这几种元器件两端的电压和流过其内部的电流是成正比关系的,因此这几种元器件又被称为线性电子元件。线性电子元件一定是遵守欧姆定律的。本章节将对常用的线性电子元件做相应介绍。

1.1 电阻器

电阻器简称电阻,是指在电路中对电流起阻碍作用的器件,是电子电路中最基本、最常用的电子元件之一。

1.1.1 常用的电阻器类型

电阻器是一种限流元件,它一般有两个引脚,可限制通过它所连支路的电流大小,从结构上可分为固定电阻器和可变电阻器两大类。阻值不能改变的电阻器称为固定电阻器,其阻值的大小就是它的标称阻值,理想电阻器是线性的,即通过电阻器的电流与外加电压成正比。阻值可变的电阻器称为电位器或可变电阻器,这类电阻器的阻值是可以调节的,其参数包括最大阻值、最小阻值和当前电阻值。最大阻值和最小阻值都是将调节旋钮旋转到极端时的阻值,其最大阻值近似等于它的标称阻值,最小阻值一般为0,可变阻值通过调节旋钮可实现最小阻值和最大阻值之间连续可调。

根据制作电阻器的材料及电阻器的结构不同,固定电阻器又可分为碳膜电阻器、金属膜电阻器、金属氧化膜电阻器、玻璃釉电阻器、水泥电阻器、排电阻器和贴片式电阻器等,如图1-1-1所示。可变电阻器又可分为由于外界环境改变而改变自身阻值的敏感电阻器和带有调节旋钮的可调电阻器。不同类型电阻器的功能特征如图1-1-2所示。

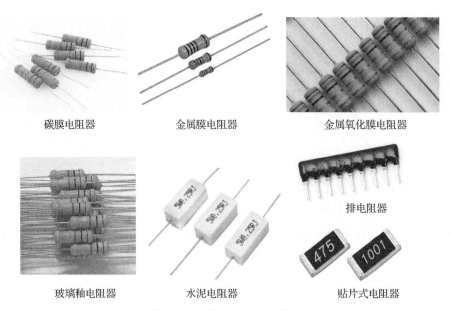

图 1-1-1 常用固定电阻器

图 1-1-2 不同类型电阻器的功能特征

常用电阻器的型号也是多种多样，常用电阻器的型号命名由四个部分组成，第一部分表示电阻器的主称，用字母"R"表示，第二部分表示构成电阻器的材料，用不同的字母表示不同的材料，第三部分用数字或字母表示电阻器的分类，第四部分用数字表示序号，如表 1-1-1 所示。

表 1-1-1　电阻器型号对照表

第一部分(主称)		第二部分(材料)		第三部分(分类)		第四部分(序号)
符号	意义	符号	意义	符号	意义	
R	电阻器	H	合成膜	1、2	普通	数字表示
		I	玻璃釉膜	3	超高频	
		J	金属膜	4	高阻	
		N	无机实心	5	高温	
		C	沉积膜	7	精密	
		S	有机实心	8	高压	
		T	碳膜	9	特殊	
		X	线绕	G	高功率	
		Y	氧化膜	T	可调	
		F	复合膜	X	小型	
		R	热敏	L	测量用	
		G	光敏	W	微调	
		M	压敏	D	多圈	

由电阻器型号对照表可快速识别电阻的材料和分类,例如,某电阻的型号为 RH41-0.25-5.1 kΩ J 型,表示这是高阻合成碳膜电阻器,其额定功率为 0.25 W,标称电阻值为 5.1 kΩ,允许误差为 ±5%。

1.1.2 固定电阻器的标称系列

固定电阻器的主要参数有标称阻值、允许误差和额定功率。标称阻值是指电阻器上所标的阻值;电阻器的实际阻值和标称阻值之间的差值与标称阻值所得的百分数之比即电阻器的允许误差;电阻器的额定功率是指电阻器在交直流电路中可以长期连续工作所允许消耗的最大功率。

一般电阻器的生产厂家并不是可生产任意阻值的电阻器,而是生产标称系列内的电阻器,因此在购买时需要了解电阻器的标称系列值。市面上标称系列内电阻器的价格都不高,如果需要用到非标称系列内的电阻,则需要预先订制,这种订制电阻一般价格会比较高。

电阻器的标称系列有 6 个:E6、E12、E24、E48、E96、E192。它们分别适用于允许误差为 ±20%(M)、±10%(K)、±5%(J)、±2%(G)、±1%(F)、±0.5%(D)的电阻器(括号中是对应的误差标识代码)。通常情况下,将该误差允许范围称为电阻的允许误差或称为精度。允许误差小的电阻器,其阻值精度就越高,稳定性也越好,但其生产成本相对较高,价格也高。对照电阻器标称系列允许误差,可知其对应的用途。表 1-1-2 列出了常用电阻器的标称值系列,这四种以外的电阻器称为非标电阻器,一般难以购得。

表 1-1-2 常用电阻器的标称值系列

系列	标称值										
E6（允许误差±20%）	1.0		1.5		2.2		3.3		4.7		6.8	
E12（允许误差±10%）	1.0	1.2	1.5	1.8	2.2	2.7	3.3	3.9	4.7	5.6	6.8	8.2
E24（允许误差±5%）	1.0	1.2	1.5	1.8	2.2	2.7	3.3	3.9	4.7	5.6	6.8	8.2
	1.1	1.3	1.6	2.0	2.4	3.0	3.6	4.3	5.1	6.2	7.5	9.1
E96（允许误差±1%）	1.00	1.02	1.05	1.07	1.10	1.13	1.15	1.18	1.21	1.24	1.27	1.30
	1.33	1.37	1.40	1.43	1.47	1.50	1.54	1.58	1.62	1.65	1.69	1.74
	1.78	1.82	1.87	1.91	1.96	2.00	2.05	2.10	2.15	2.21	2.26	2.32
	2.37	2.43	2.49	2.55	2.61	2.67	2.74	2.80	2.87	2.94	3.01	3.09
	3.16	3.24	3.32	3.40	3.48	3.57	3.65	3.74	3.83	3.92	4.02	4.12
	4.22	4.32	4.42	4.53	4.64	4.75	4.87	4.99	5.11	5.23	5.36	5.49
	5.62	5.76	5.90	6.04	6.19	6.34	6.49	6.65	6.81	6.98	7.15	7.32
	7.50	7.68	7.87	8.06	8.25	8.45	8.66	8.87	9.09	9.31	9.53	9.76

1.1.3 电阻器的参数标注方法

常用的元器件型号或参数标注方法包括直标法、文字符号法、数码法、色标法等。

1. 直标法

按照各类电子元器件的命名规则，将主要信息（包括电阻器的类别、标称阻值、允许误差及额定功率等）用字母及数字标注在元器件表面，对小于 1 000 Ω 的阻值只标出数值，不标单位，对 kΩ、MΩ 可只标注 k 和 M。精度等级标 Ⅰ 或 Ⅱ 级，Ⅲ 级不标明。这种标注方法多用于体积较大的元器件，以便于印刷。

例如，图 1-1-3 标识的金属膜电阻器标称阻值为 4.7 kΩ，允许误差为 ±5%，额定功率为 1 W。

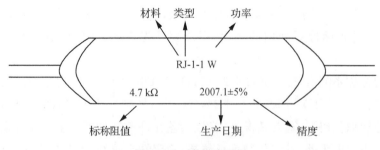

图 1-1-3 直标法示例

2. 文字符号法

文字符号法是使用阿拉伯数字和文字符号有规律的组合，表示电阻器的标称阻值和允许误差。

电阻器的标称阻值及允许误差分别如表1-1-3、表1-1-4所示。

表1-1-3 电阻器的标称阻值

文字符号	单位	名称
R	Ω	欧姆
K	kΩ	千欧
M	MΩ	兆欧
G	GΩ	吉欧
T	TΩ	太欧

表1-1-4 电阻器的允许误差

允许误差/%	文字符号	允许误差/%	文字符号
±0.001	Y	±0.5	D
±0.002	X	±1	F
±0.005	E	±2	G
±0.01	L	±5	J
±0.02	P	±10	K
±0.05	W	±20	M
±0.1	B	±30	N
±0.25	C	—	—

例如，6R2J表示电阻器的阻值为6.2 Ω，允许误差为±5%。

3. 数码法

一般用三位数字表示阻值大小，其单位为Ω。第一、二位为有效数字，第三位表示倍乘数，即"0"的个数，如104表示$10×10^4$ Ω＝100 000 Ω。有些精度高的小电阻标称阻值中含有字母"R"，这种情况下通常将"R"看作小数点，如9R1表示9.1 Ω，以此类推，贴片封装型电阻器常采用这种标注方法。

4. 色标法

（1）色环电阻的简介

将不同颜色的色环涂在电阻器（或电容器）上来表示电阻器（或电容器）的标称值及允许误差，称为色标法。普通的电阻器用三色环、四色环表示，精密电阻器用五色环或六色环表示，紧靠电阻一端的色环为第一环，显露电阻本色较多的另一端为末环，图1-1-4为五环电阻示意图，色环电阻不同颜色表示的含义见表1-1-5。

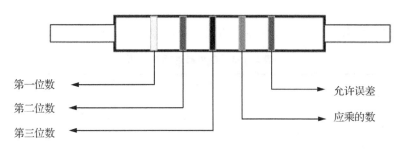

图 1-1-4　五环电阻示意图

表 1-1-5　色环电阻不同颜色表示的含义

颜色	黑	棕	红	橙	黄	绿	蓝	紫	灰	白	金	银	无色
表示数值	0	1	2	3	4	5	6	7	8	9			
表示倍率	0	1	2	3	4	5	6	7	8	9	−1	−2	
表示允许误差/%	—	±1	±2	—	—	±0.5	±0.25	±0.1	±0.05	±5	±10	±20	—

① 三环电阻。三环电阻一共有三道色环，前两环表示元器件参数的两位有效数值，第三环表示倍率，即有效数字后 0 的个数，根据色环颜色的不同来表示不同的倍乘数。

② 四环电阻。四环电阻一共有四道色环，前两环表示元器件参数的有效数值，两个不同颜色的色环对应两个不同的有效数字，第三环表示倍率，新增的第四环被用来表示元器件的允许误差，即表示与标称阻值的偏差值，不同颜色的色环表示的允许误差不同。

③ 五环电阻。前三环表示元器件参数的有效数值，第四环表示倍率，第五环表示元器件的允许误差。图 1-1-4 表示五环电阻，其阻值为 470×10^5 Ω，允许误差为 ±2%。

④ 六环电阻。比五环电阻多出的一条色环表示电阻温度系数，不同颜色表示的温度系数见表 1-1-6。

表 1-1-6　温度系数

颜色	黑	棕	红	橙	黄	绿	蓝	紫	灰	白	金	银
温度系数	—	±100	±50	±15	±25	±20	±10	±5	±1	—	—	—

（2）色环电阻的读取技巧

色环电阻是电子技术实验中常用的电阻器，色标法确定阻值的方法可以很方便、快速地确定待测电阻器的阻值，色环电阻阻值的读取通常有几个技巧，尤其在实践过程中，往往会出现色环电阻排列顺序不明确的情况，此时可根据给出的以下几个方法加以判断。

① 由误差色环判定色环顺序。常用的表示电阻误差的颜色是金、银、棕，尤其是金环和银环通常很少用作电阻色环的第一环，所以在电阻上只要有金环和银环，就可以基本认定这是色环电阻的最末一环。但是对于五环电阻而言，通常用棕色环来表示误差的，这就要用到下面的判定技巧了。

② 对棕色环是否是误差环的判别。棕色环既常用作误差环，又常作为有效数字环，且

常常在第一环和最末一环中同时出现,很难识别哪个是第一环。在实践中,可以按照色环之间的间隔加以判别。比如:对于一个五环电阻而言,第五环和第四环之间的间隔比第一环和第二环之间的间隔要宽一些,据此可判定色环的排列顺序。

③ 由电阻生产序列值来判别色环顺序。在仅靠色环间距还无法判定色环顺序的情况下,还可以利用电阻的生产序列值来加以判别。比如:有一个电阻的色环,若按正向顺序读是棕、黑、黑、黄、棕,其值为 $100 \times 10^4 \, \Omega = 1 \, M\Omega$,允许误差为 1%,属于正常的电阻系列值;若按反向顺序读是棕、黄、黑、黑、棕,其值为 $140 \times 10^0 \, \Omega = 140 \, \Omega$,允许误差为 1%。显然按照后一种排序所读出的电阻值,在电阻的生产系列中是不存在的,故后一种色环读取方法是不对的。

1.1.4 不同类型可变电阻器的标识

常用的可变电阻器有多种,如图 1-1-5 所示,具体包括以下几种类型。

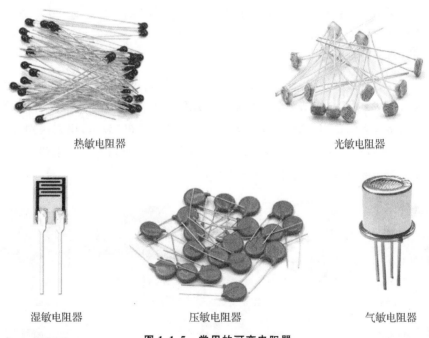

图 1-1-5 常用的可变电阻器

1. 热敏电阻器的标识

热敏电阻器的一般标识包括主称符号(M)、类别符号(Z 或 F)、用途代号和序号四个部分,主称符号 M 表示热敏电阻器;类别符号 Z 表示正温度系数热敏电阻器,F 表示负温度系数热敏电阻器;用途代号的不同数字表示不同的用途;序号部分通常用数字或"数字+字母"表示,用来区别外形尺寸和性能参数,有时会省略不写。

2. 光敏电阻器的标识

光敏电阻器的一般标识包括主称符号(MG)、用途(或特征)和序号三个部分,主称符号

MG 表示光敏电阻器;用途(或特征)标记的不同数字表示不同的可见光;序号部分通常用数字或"数字+字母"表示,用来区别外形尺寸和性能参数。

3. 湿敏电阻器的标识

湿敏电阻器的一般标识与光敏电阻器类似,包括主称符号(MS)、用途(或特征)和序号三个部分,主称符号部分表示湿敏电阻器;用途这一部分若无字母,则表示通用型,若有字母,则 K 表示控制湿度、C 表示测量湿度;序号部分通常用数字或"数字+字母"表示,用来区别外形尺寸和性能参数。

4. 压敏电阻器的标识

压敏电阻器的一般标识包括主称符号(MY)、用途(或特征)和序号三个部分,其中,主称符号部分表示压敏电阻器;用途(或特征)标记的不同字母表示不同的含义;序号部分通常用数字或"数字+字母"表示,用来区别外形尺寸和性能参数。

5. 气敏电阻器的标识

气敏电阻器的一般标识与前三种电阻器类似,包括主称符号、用途(或特征)和序号三个部分,主称符号用 MQ 表示。

6. 可调电阻器的标识

可调电阻器的一般标识包括产品名称、材料、类型、失效等级、序号、阻值和允许误差。产品名称、材料和类型用字母表示,对于规定失效等级的可调电阻器(电位器),用字母 K 标识在类型和序号之间,序号部分通常用数字或"数字+字母"表示,用来区别外形尺寸和性能参数,有时会省略不写;用字母表示允许误差,表示实际阻值与标称阻值之间允许的最大误差范围。常用的可调电阻器如图 1-1-6 所示。

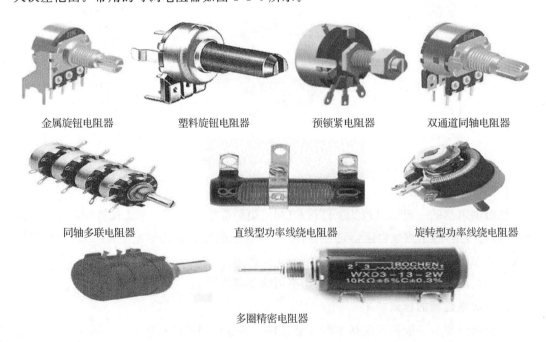

金属旋钮电阻器　　塑料旋钮电阻器　　预锁紧电阻器　　双通道同轴电阻器

同轴多联电阻器　　直线型功率线绕电阻器　　旋转型功率线绕电阻器

多圈精密电阻器

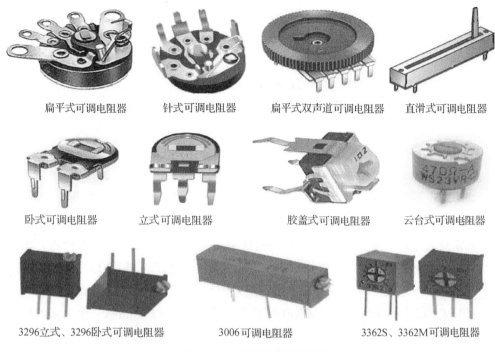

图 1-1-6 常用的可调电阻器

1.1.5. 电阻器的检测方法

万用表是用来检测电阻器常用的工具,正确操作万用表是获得正确检测结果的关键。使用万用表检测电阻器时需要注意:检测时手不要碰到表笔的金属部分,也不要碰到电阻器的两个引脚,否则人体电阻会并联在待测电阻器上,影响检测结果的准确性。当检测电路板上的电阻器时,可先将待测电阻器焊下或将其中一个引脚脱离焊盘后进行开路检测,避免电路中的其他电子元器件对检测结果造成影响。

此外,要能够对检测结果做出科学判断,若实测结果等于或十分接近标称阻值,则表明待测电阻器正常;若实测结果大于标称阻值,则可以直接判断待测电阻器存在开路或阻值增大(比较少见)的故障;若实测结果十分接近0,不能直接判断待测电阻出现短路故障,这种情况可能是电阻器两端并联有小阻值的电阻器或电感器造成的,这种情况下检测的阻值实际上是电感器的直流电阻值,而电感器的直流电阻值通常很小,此时可将待测电阻器焊下后再进一步检测。不同类型电阻器的检测方法通常是不同的,下面简要介绍三种类型电阻器的检测方法。

(1) 对固定电阻器的检测

首先要根据待测电阻器的参数信息识别待测电阻阻值,然后再选择合适的万用表量程去测量电阻(注意:若采用指针式的万用表,在测试前需要短接表笔进行0欧姆校正),测量时万用表的两个表笔分别搭接在待测电阻器的两个引脚端子,结合万用表量程和示值,确定待测电阻的阻值,将检测结果与识读的参数信息进行比较,判断电阻器是否能够正常使用。

(2) 对敏感电阻器的检测

敏感电阻器的阻值会随环境条件的变化而变化,若环境条件不变,则阻值理论上不会发生改变,例如,在常温下,实测热敏电阻器的阻值接近标称阻值或与标称阻值相同,保持万用表的红、黑表笔不动,使用吹风机或电烙铁加热热敏电阻器,万用表的读数应随温度的变化而相应变化,若温度变化,阻值不变,则说明该热敏电阻器的性能不良;若阻值随温度的升高而增大,则说明该热敏电阻器为正温度系数热敏电阻器;若阻值随温度的升高而减小,则说明该热敏电阻器为负温度系数热敏电阻器。其他敏感电阻器的检测原理与此类似,如光敏电阻器、湿敏电阻器、压敏电阻器、气敏电阻器等。需要注意的是,气敏电阻器只有在电路中才能正常工作,因此对气敏电阻器进行检测需要搭建相应的检测电路。

(3) 对可调电阻器的检测

首先需要对可调电阻器的引脚进行识别,确定可变引脚和固定引脚。其次用万用表的欧姆挡测量其总阻值,即两固定端片之间的阻值,总阻值应为电位器的标称值。最后再测量它的可动端片与电阻体的接触情况。将万用表的一支表笔接可调电阻器的中心可调节焊接片,另一支表笔接其余两固定端片中的任意一个,慢慢将其转柄从一个极端位置旋转至另一个极端位置,其阻值则应从零(或标称值)连续变化到标称值(或零),不应出现跳变的现象。若两个固定引脚之间的阻值趋近于 0 或无穷大,则表明可调电阻器已经损坏;在正常情况下,固定引脚与可变引脚之间的阻值应小于标称阻值;若固定引脚与可变引脚之间的最大阻值和固定引脚与可变引脚之间的最小阻值十分接近,则表明可调电阻器已失去调节功能。

1.2 电容器

电容器是一种可储存电能的元器件,通常简称为电容。它与电阻器一样,广泛应用于各种电子产品中。电容的特性可概括为通交流、隔直流、通高频、阻低频。在电路中常用作交流信号的耦合、交流旁路、电源滤波、谐振选频等。电容器的符号用大写字母"C"表示,其单位是法拉(F),法拉(F)是电容器的国际标准单位,经常使用的单位还有毫法(mF)、微法(μF)、纳法(nF)和皮法(pF),它们之间的换算关系是

$$1\ \text{F} = 10^3\ \text{mF} = 10^6\ \mu\text{F} = 10^9\ \text{nF} = 10^{12}\ \text{pF}$$

1.2.1 电容器的类型

电容器按结构不同可分为可变电容器和固定电容器。可变电容器包括半可变电容器和全可变电容器,固定电容器又可分为无极性电容器和有极性电容器。常用的几种电容器符号如图 1-2-1 所示。下面仅对常用的几种电容器做简要介绍。

无极性电容器　　　　　　有极性电容器　　　　　　可变电容器

图 1-2-1　常用的几种电容器符号

1. 薄膜电容器

薄膜电容器用塑料薄膜作绝缘介质,以两片很薄的金属箔作为电极板分别与两只引脚接触,然后将金属箔、塑料薄膜重叠在一起,绕制完成的电容器外表面经涂覆一层保护介质后即可得到完整的电容器。常用的薄膜电容器如图 1-2-2 所示。

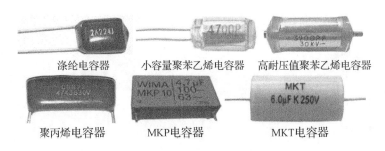

图 1-2-2　常用的薄膜电容器

薄膜电容器没有极性,具有很高的绝缘阻抗,容量稳定性好、介质损耗小、频率特性较好,综合性能优异。

薄膜电容器可使用涤纶、聚丙烯、聚苯乙烯、聚四氟乙烯、聚碳酸酯、聚乙烯对苯二酸盐酯等薄膜材料;其中聚苯乙烯电容器、聚丙烯电容器的性能较好,而涤纶电容器的性价比较高,下面分别介绍几种不同材料的薄膜电容。

(1) 涤纶电容器(CL)

涤纶电容器是一种正温度系数无极性电容器。该电容器体积小、容量较大(10 pF～4 μF)、耐高温、耐高压(63～630 V)、耐潮湿、价格低。涤纶电容器温度系数较大,一般用于对稳定性和损耗要求不高的低频电路。

(2) 聚丙烯电容器(CBB)

聚丙烯电容器是一种负温度系数无极性电容器。该电容器体积小、损耗小、性能稳定、绝缘性能好、容量大、额定电压高(63 V～2 kV)。该类型电容器单位体积较大,广泛用于要求较高的中、低频电子电路或作为电动机的启动电容器替代大部分聚苯乙烯、云母电容器。

(3) 聚苯乙烯电容器(CB)

以聚苯乙烯薄膜作为介质的电容器,是一种负温度系数无极性电容,优点是耐压强度高(耐压值范围为几百伏至几千伏)、高频损耗小、绝缘电阻高、容量大,精度可达千分之五,电容量稳定,是目前应用最为广泛的一种电容器。这种电容器的缺点是体积大、温度系数较大、耐热性差(最高 75℃),电烙铁焊接时间不能太长,主要应用在中、高频电路中,常用于滤波器及对容量要求精确的电路中。

(4)金属化薄膜电容器

金属化薄膜电容器采用目前广为流行的薄膜电容制造工艺:真空环境中向塑料薄膜蒸镀一层很薄的金属层作为电极,取代传统金属膜电容器中的金属箔电极板,从而大大缩小相同参数下的电容体积。常用的金属化薄膜电容器有 MKP(金属化聚丙烯膜)电容器、MKT(金属化聚乙酯)电容器。

2. 瓷介电容器

瓷介电容器先以陶瓷材料为介质做成薄片(薄管),然后在陶瓷片两面喷涂金属导电层,最后将电容引脚与两侧的导电涂层连接在一起,并喷涂釉浆后烧结而成。常用的瓷介电容器如图 1-2-3 所示。

瓷介电容器的容量较小,超过 μF 数量级的品种非常少见,容量精度为±5%~20%。

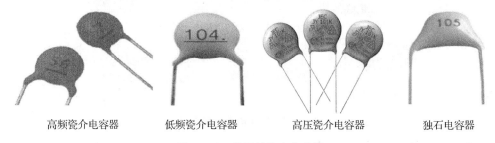

高频瓷介电容器　　低频瓷介电容器　　高压瓷介电容器　　独石电容器

图 1-2-3　常用的瓷介电容器

(1)高频瓷介电容器

高频瓷介电容器采用介电系数高、损耗低、带温度补偿的复合陶瓷材料烧结为圆片状制成。其具有温度系数小、稳定性高、损耗低、耐压高等优点,但是电容量小,一般不超过 1 000 pF。该电容器主要用于高频、特高频、甚高频电路中做调谐或温度补偿。

(2)低频瓷介电容器

低频瓷介电容器具有介电系数高、容量较大、价格低廉等优点,但是耐压值比高频瓷介电容器低,介质损耗、绝缘电阻等性能也劣于高频瓷介电容器。该电容器被广泛用于中低频电路的隔直、耦合、旁路和滤波电路单元。

(3)高压瓷介电容器

高压瓷介电容器是先用高介电常数的电容器陶瓷(钛酸钡或氧化钛)挤压成圆片或圆盘状绝缘介质,然后用烧渗工艺将银层镀在陶瓷片表面形成电极而制成的。这种电容器的耐压值高达 30 kV,主要用于高压旁路和耦合电路,如电力系统的计量、储能、分压等场合。

(4)独石电容器

独石电容器是用钛酸钡陶瓷材料烧结成的多层陶瓷小型电容器(相当于几个陶瓷电容并联),具有性能稳定、耐高温、耐潮湿、容量大(容量范围为 10 pF~10 μF)、漏电流小、可靠性好、成本低等优点,其缺点是工作电压低(耐压值低于 100 V)。这种电容器广泛用于各种电子产品,尤其是小型电子产品中做谐振、旁路、耦合、滤波等。常用的独石电容器有

CT4(低频)、CC4(高频)系列。

3. 云母电容器

云母电容器用介电系数很高的云母作为介质,在云母片两面喷涂银层或层叠锡箔后,压铸在胶木粉或密封在环氧树脂中制成。具有绝缘电阻大、介质损耗小、温度系数小、高温特性好(最高环境温度可达460 ℃)、耐压范围宽(100 V～5 kV)、可靠性高、性能稳定等优点。其缺点也很显著,如容量一般只能做到10 pF～10 nF,生产成本高,体积大。这种电容器广泛应用于对电容稳定性和可靠性要求很高的场合,如雷达、无线电收发设备、精密电子仪器、军用通信仪器及设备,常用的云母电容器如图1-2-4所示。

图 1-2-4 常用的云母电容器

4. 铝电解电容器

铝电解电容器的优点:单位体积内铝电解电容的电容量很大,超过其他类型电容几十倍;铝电解电容器的额定容量可以做到100 000 μF以上,其他电容在目前阶段尚无可能做到;铝电解电容器采用标准、廉价的工业原料,加之生产工艺简单,产品单位成本非常低廉。

铝电解电容器的缺点:体积大、频率特性差、介质损耗大,容量误差大(最大允许误差范围为－20%～100%),耐高温性差,存放时间长容易失效。

铝电解电容器可采用径向、轴向、贴片三种封装形式。常用的铝电解电容器如图1-2-5所示。

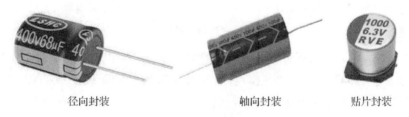

径向封装　　　　　　轴向封装　　　　　　贴片封装

图 1-2-5 常用的铝电解电容器

(1) 径向封装铝电解电容器

径向封装铝电解电容器的特点:占据PCB的表面积较小,但高度较大。由于两只引脚均在PCB的底层,不容易直接将引脚作为测试点。径向封装铝电解电容器在电子市场中最为常见。

其极性识别方法:未经剪脚的径向封装电解电容器,长脚为正、短脚为负;另外,与电容器外壳绝缘套皮的"－"号条形色带相邻的下方引脚为电解电容器的负极。

(2) 轴向封装铝电解电容器

轴向封装铝电解电容器的特点:占据PCB的表面积较多,但高度较低,能够直接对电容的引脚进行参数测试。轴向封装铝电解电容器比较小众。

其极性识别方法:与密封圈相邻的引脚为电容的正极;此外,电容器外壳绝缘套皮的条形色带上箭头所指的引脚为电解电容器的负极。

(3) 贴片封装铝电解电容器

贴片封装铝电解电容器的产品系列如表 1-2-1 所示。

表 1-2-1 贴片封装铝电解电容器的产品系列

产品系列	RVT	RVS	RVN	RVH	RVE	RVW	RVK
性能特点	标准品	85℃	无极性	宽温度	低阻抗	长寿命	低漏电

其极性识别方法:贴片电解电容顶盖半圆形颜色标记下方引脚为电容负极;贴片电解电容正极下方的塑料基座被裁去一个三角形缺口。

5. 钽电解电容器

钽电解电容器具有介质损耗低,频率特性好,耐高温(温度高达 200 ℃),漏电流小,体积比铝电解电容小的优点,其缺点是成本高,耐压低(耐压值为 160 V)。

金属钽的稀缺性决定了钽电容价格高,钽电解电容器通常用于电气性能要求较高的电路单元,广泛用于通信、航天、军工及家用电器各种中低频电路和积分、时间常数设置电路中。常用的钽电解电容器如图 1-2-6 所示。

(a) 圆柱形、水滴形直插封装

(b) 贴片封装

图 1-2-6 常用的钽电解电容器

其极性识别方法:① 水滴形钽电解电容器多采用"+"标识电容的正极,此外也同样具有"长正短负"的引脚特征,图 1-2-6(a)右侧的水滴形电容右脚为正。② 贴片钽电解电容器主要采用色带进行电容极性的标注:毗邻色带的引脚为钽电解电容的正极。

贴片钽电解电容器表面字母标注与耐压值之间的对应关系如表 1-2-2 所示。

表 1-2-2 贴片钽电解电容器表面字母标注与耐压值之间的对应关系

字母标注	F	G	L、J	A	C	D	E	V	T
耐压值/V	2.5	4	6.3	10	16	20	25	35	50

6. 可变电容器

电容器具有两块面积相等的极板,将其中一块极板固定,而将另一块极板的位置设置为可变的结构,这样就可以得到可变电容器。可变电容器的结构复杂,电容量小且参数调节范围较窄,因而实际应用不如电位器广泛。

可变电容器按照结构的不同可分为微调可变电容器、单联可变电容器、双联可变电容器和多联可变电容器。以下仅对单联可变电容器和双联可变电容器做简要介绍。

单联可变电容器是由相互绝缘的两组金属铝片组成的。其中,一组为动片,另一组为定片,中间用空气作为介质。调节单联可变电容器的转轴可带动内部动片转动,由此可以改变定片与动片的相对位置,使电容量相应变化。这种电容器的内部只有一个可调电容器。

双联可变电容器可以简单理解为由两个单联可变电容器组合而成。调节转轴时,两个单联可变电容器的电容量同步变化。这种电容器的内部结构与单联可变电容器相似,由一根转轴带动两个单联可变电容器的动片同步转动。

1.2.2 电容器的参数

在选用电容器时,要考虑到电容器的容量和额定耐压都是有系列规格的,不能随意选取或者按照计算值选取。在选取电容器的容量和额定耐压时,要按照计算值的结果,在系列规定的值中选取,并做到规格取值,宁大勿小,即应该选取在系列规格值中高于计算值的规格。

根据电容器的参数标识,识读电容器值是检测电容器前的重要环节。识读电容器的方法主要有三种:直接标注法、数字标注法和色环标注法。

直接标注法与电阻器的标识方法类似,直接标注法就是将不同数字和字母标注在电容器的外壳上,主要由六部分组成:

① 用字母表示产品名称,如用 C 表示电容器;
② 电容器的介质材料部分,用字母表示电容器用何种材料制成;
③ 用数字或字母部分表示电容器的类型,一般用数字表示,个别类型的电容器也用字母表示产品属于何种类型;
④ 电容器的序号,用数字表示同类产品中的不同品种,以区分产品的外形尺寸和性能指标等;
⑤ 用数字表示电容量;
⑥ 用字母表示允许偏差。

直接标注法识读电容器如图 1-2-7 所示。

产品名称	介质材料	类型	序号
		电容量	允许误差

图 1-2-7 直接标注法识读电容器

电容器型号与材料的对应关系如表 1-2-3 所示。

表 1-2-3 电容器型号与材料的对应关系

型号	CC	CT	CY	CI	CQ	CF	CS
材料	高频瓷介	低频瓷介	云母	玻璃釉	漆膜	聚四氟乙烯	聚碳酸酯
型号	CD	CA	CN	CL	CZ	CJ	CB
材料	铝电解	钽电解	铌电解	聚酯(涤纶)	纸介	金属化纸介	聚苯乙烯

在直接标注法中,电容器允许误差字母含义如表 1-2-4 所示。

表 1-2-4 电容器允许误差字母含义

字母	含义	字母	含义
Y	±0.001%	N	±30%
X	±0.002%	H	+100%
E	±0.005%		−0%
L	±0.01%	R	+100%
P	±0.02%		−10%
W	±0.05%	T	+50%
B	±0.1%		−10%
	±0.25%	Q	+30%
D	±0.5%		−10%
	±1%	S	+50%
G	±2%		−20%
J	±5%	Z	+80%
K	±10%		−20%
M	±20%	—	—

数字标注法是使用数字或数字与字母相结合的方式标注电容器的主要参数,电容器参数的数字标注法与电阻器参数的直接标注法相似。其中:前两位数字为有效数字,第三位数字为倍乘数,默认单位为 pF,第四位的字母为允许误差。如图 1-2-8 所示,需要注意的是,若第三位为 9,则表示倍乘数为 10^{-1},而不是 10^9,如 339 表示 $33×10^{-1}$ pF=3.3 pF。

有效数字	有效数字	倍乘数	允许误差

图 1-2-8 数字标注法识读电容器

色环标注法:通过色环颜色表示电容器的参数信息,不同颜色的色环表示的含义不同,相同颜色的色环标注在不同位置含义也不同,如图 1-2-9 所示,电容器的标称电容量为 $10×10^3$ pF,允许误差为 ±10%。

图 1-2-9　色环标注法识读电容器

1.2.3　电容器的功能

电容器的基本功能是隔直流、通交流,电容器的各项应用均是基于该基本功能的。电容器在电路中的主要功能包括耦合、滤波、谐振、旁路、去抖、微分、积分、储能、隔直、采样保持。下面简要介绍常见的几种电容器。

1. 耦合电容器

耦合是指两个电路单元之间的信号连接及相互影响的过程,耦合电容器用来连接不同电路。如图 1-2-10 所示,C_1 是接在 VT_1 和 VT_2 两极放大器之间的耦合电容器,一般在阻容耦合放大器和其他电容耦合放大器电路中大量使用这种电容电路,起隔直流、通交流的作用。

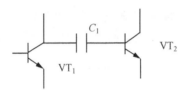

图 1-2-10　耦合电容器示意图

2. 滤波电容器

滤波是指滤除干扰信号、滤除不想要的频率信号的过程,如图 1-2-11 所示,C 为电源滤波电容,一般在电源滤波和各种滤波电路中使用这种电容电路,滤波电容器将一定频段内的信号从总信号中滤除。

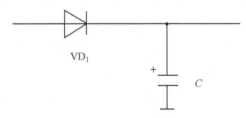

图 1-2-11　滤波电容器示意图

在去耦电路和滤波电路中,常常可以见到在大容量的电解电容器旁边并联一个小容量的瓷片电容器。这是为什么呢?下面讲解关于大电容旁边并联小电容的作用。

由电工学可知,电容量的大小与构成电容器的极板面积、介质的介电常数及极板之间的距离有关,所以电解电容器为追求大的容量,必须使两极板的铝箔增大变长。但铝箔卷绕起来后就自然形成了一个较大的附加电感,在高频工作状态下,一个电解电容不能认为是单纯的电容,而是电容和附加电感相串联的混合体。在去耦电路和滤波电路中,为了消除附加电感对高频电流的阻抗,就需要在电解电容上并联一个较小的固定电容,即大容量的电解电容对低频成分去耦和滤波,而对高频成分的去耦和滤波则由小容量的无感电容来完成。

3. 谐振电容器

谐振是指自由振荡频率与输入频率相同时产生的现象,如图 1-2-12 所示的谐振电容器,C 为 LC 并联谐振电路中的谐振电容器,通常在 LC 并联和串联谐振电路中都需要这种电容器。

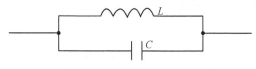

图 1-2-12 谐振电容器示意图

4. 旁路电容器

旁路是指将交流电路中的高频成分短接到地,保留低频的交流成分的过程,如图 1-2-13 所示的电路中,利用电容 C_1 的"隔直通交"的作用使得交流信号不通过与电容器并联的电阻的时候可以稳定静态工作点,动态的时候不影响动态指标。

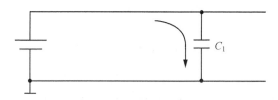

图 1-2-13 旁路电容器示意图

5. 去抖电容器

如图 1-2-14 所示的去抖电容器,可用来消除机械开关的抖动现象。

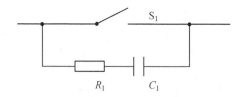

图 1-2-14 去抖电容器示意图

6. 微分、积分电容器

由 C_1 和 R_1 构成的微分电路如图 1-2-15 所示,C_1 为微分电容器。

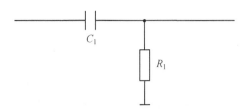

图 1-2-15　微分电容器示意图

由 R_1 和 C_1 构成的积分电路如图 1-2-16 所示，C_1 为积分电容器。

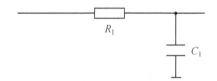

图 1-2-16　积分电容器示意图

1.2.4　电容器的检测方法

在检测普通电容器时，可先根据标识信息识读标称电容量，然后使用万用表检测实际电容量，最后将实际电容量与标称电容量相比较，可判断所测普通电容器的好坏。

在正常情况下，用万用表检测电容器时应有固定的电容量，并且接近标称电容量。若实际电容量与标称电容量相差较大，则说明所测电容器已损坏。

另外需要注意，用万用表检测电容器的电容量时，不可超量程检测，否则检测结果不准确，无法判断好坏。

在判断普通电容器的性能时，根据不同的电容量可采取不同的检测方式。当电容量小于 10 pF 时，这类电容器的电容量太小，用万用表检测只能大致判断是否存在漏电、内部短路或击穿现象。此时可用万用表的"$R\times 10$ k"量程检测阻值，在正常情况下应为无穷大，若阻值为零，则说明所测电容器漏电或内部被击穿。当电容量为"10 pF～0.01 μF"时，这类电容器可在连接三极管放大元器件的基础上，将电容器的充、放电过程进行放大，在正常情况下，若万用表的读数有明显的变化，则说明性能正常。当电容量在 0.01 μF 以上时，这类电容器可直接用万用表的"$R\times 10$ k"检测有无充、放电过程及有无短路或漏电现象判断性能。

若要精确测出电容值，则需要专门的测量仪器。

对于电解电容的检测方法一般包括两种，即检测电容量和检测直流电阻。

1. 检测电容量

在对电解电容进行电容量检测前，需要先区分电容引脚的极性，通过电阻对其放电，避免电解电容中残留电荷影响检测结果的情况，再结合测试仪器对电容进行检测。

【注意】　电解电容器的放电操作主要针对的是大容量电解电容器，由于大容量电解电容器在工作中可能会存储很多电荷，如短路时，则会因产生很大的电流而引发电击事故，损坏万用表，因此应先用电阻进行放电后再检测，一般可选用阻值较小的电阻，将电阻的引脚与电解电容器的引脚相连即可放电。

2. 检测直流电阻

检测时可采用万用表的欧姆挡来测量。先将万用表量程调至"$R\times 10\ k$"挡，再将万用表的红、黑表笔分别接在电容器的正、负引脚端，测量正向直流电阻，最后调换表笔测量反向直流电阻；可采用指针式万用表观察测试过程中指针偏转情况。

当万用表的表笔接触电解电容器的引脚时，指针摆动一个角度后随即向回稍微摆动一点，即未摆回到较大的阻值，说明电解电容器漏电严重；

当万用表的表笔接触电解电容器的引脚时，指针向右摆动，无回摆现象，且指示一个很小的阻值，说明电解电容器已被击穿短路；

当万用表的表笔接触电解电容器的引脚时，指针并未摆动，阻值很大或趋于无穷大，说明电解电容器中的电解质已干涸，失去电容量。

【注意】 当检测电解电容器的正向直流电阻时，万用表的指针摆动速度较快。若指针没有摆动，则表明电解电容器已经失去电容量。对于较大容量的电解电容器，可使用万用表显示充、放电过程；对于较小容量的电解电容器，无须使用该方法显示电解电容器的充、放电过程。

1.3 电感器

电感器是能够把电能转化为磁能而存储起来的元件，是常用的基本电子元器件之一，它和电容器一样，也是一种储能元件。电感器常与电容器构成 LC 滤波器、LC 振荡器等电路，还可以利用电感器的特性，制造扼流圈、变压器和继电器等。

电感器又称扼流器、电抗器和动态电抗器。电感器具有一定的电感量，表现的特性为阻碍电流的变化。如果电感器在没有电流通过的状态下，电路接通时将试图阻碍电流流过电感；如果电感器在有电流通过的状态下，电路断开时将试图维持电流不变。

1.3.1 电感器的类型

电感器的类型很多，常见的有色环电感器、色码电感器、电感线圈、贴片电感器及微调电感器等，如图 1-3-1 所示。

（a）色环电感器　　　　　（b）色码电感器　　　　　（c）电感线圈

图 1-3-1　常见的电感器

1. 色环电感器

色环电感器是在外壳上用不同颜色的色环来标识参数信息的一种电感器，色环电感器的外形与色环电阻器、色环电容器相似，可通过电路板上的电路图形符号或字母标识区分。色环电感器属于小型电感器，工作频率一般为 10 kHz～200 MHz，电感量一般为 0.1～33 000 μH。

2. 色码电感器

色码电感器是通过色码标识参数信息的一种电感器，将不同颜色的色码标识在其表面。这种电感是将铜线绕在磁芯上，再用环氧树脂或塑料封装而成，它与色环电感器都属于小型电感器，与色环电感器不同的是色码电感器通常采用直立式安装。色码电感器体积小巧，性能稳定，广泛应用在电视机等电子设备中。

3. 电感线圈

电感线圈因其能够直接看到线圈的绕制匝数和紧密程度而得名。常见的电感线圈主要有空心电感线圈、磁棒电感线圈、磁环电感线圈等。

（1）空心电感线圈

空心电感线圈的电感量可以通过调节线圈之间的间隙大小，即改变线圈的疏密程度来调节，可根据电路的需要，绕制不同匝数的空心电感线圈。调节后，将线圈用石蜡密封固定，不仅可以防止线圈变形，还可以有效防止线圈因振动而改变间隙。

（2）磁棒电感线圈

磁棒电感线圈是一种在磁棒上绕制线圈的电感器，可使电感量大大增加，且可通过磁棒的左右移动来调节电感量的大小。因此，当磁棒线圈与磁棒的相互位置调节好后，应采用石蜡或黏结剂固定，防止相互滑动而改变电感量。

（3）磁环电感线圈

磁环电感线圈也称磁环电感器，是将线圈绕制在铁氧体磁环上构成的，可通过改变磁环上线圈的匝数和疏密程度来改变电感量。铁氧体磁环的大小、形状及线圈绕制方式等都对电感量有决定性影响。

4. 贴片电感器

贴片电感器是采用表面贴装方式安装在电路板上的一种电感器。其电感量不能调节，属于固定电感器,一般应用在体积小、集成度高的数码类电子产品中。常见的贴片电感器有大功率贴片电感器和小功率贴片电感器两种:大功率贴片电感器将电感量直接标注在电感器的表面;小功率贴片电感器的外形体积与贴片式电阻器类似,表面颜色多为灰黑色。

5. 微调电感器

微调电感器是可以对电感量进行细微调节的电感器。该类电感器一般设有屏蔽外壳,在磁芯上设有条形槽口以便进行调节。通过条形槽口可以调节磁芯,进而改变磁芯在线圈中的位置,实现电感量的调节。调节时,要使用无感螺钉旋具,即由非铁磁性金属材料制成的螺钉旋具,如由塑料或竹片等材料制成的螺钉旋具,有时可使用铜质螺钉旋具。

1.3.2 电感器的参数

直标法标识电感器的型号主要有三部分,包括主称、电感量和允许误差,如表 1-3-1 所示。

表 1-3-1 电感器型号

用字母表示	含义	用数字和字母表示(实例)	用数字表示(实例)	含义	用字母表示	允许误差
L 或 PL	电感器	2R2	2.2	2.2 μH	J	±5%
		10	10	10 μH	K	±10%
		101	100	100 μH	M	±20%
		102	1000	1 000 μH	L	±15%

色环电感器和色码电感器可采用色标法,将电感器参数用不同颜色的色环或色点标注在表面上,如图 1-3-2 所示。

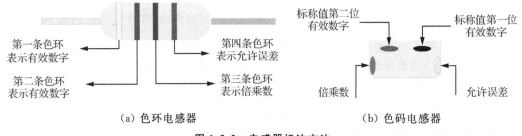

(a) 色环电感器　　(b) 色码电感器

图 1-3-2 电感器标注方法

由于色码电感器从外形上没有明显的正、反面区分,因此左、右侧面可根据电路板上的文字标识进行区分,当文字标识为正方向时,对应色码电感器的左侧为其左侧面。由于色码的几种颜色中,无色通常不代表有效数字和倍乘数,因此色码电感器左右侧面中无色点的一侧为右侧面。

1.3.3 电感器的功能

1. 耦合功能

电感器具有通直流阻交流、通低频阻高频的作用,可阻止电流变化,流过电感器的电流不会发生突变。电感器对直流信号呈现很小的电阻(近似于短路),对交流信号呈现的阻抗与频率成正比,频率越高,阻抗越大。

2. 滤波功能

电感器对交流信号阻抗很大,电感器的电感量越大,对交流信号的阻抗越大,而对直流信号阻抗很小,如果将电感量较大的电感器串接在整流电路中可起到滤除交流信号的作用。用电感器构成的滤波器,其滤波效果优于电容。通常,电感器与电容器构成 LC 滤波电路,由电感器阻隔交流信号,由电容器阻隔直流信号,可对电路起到平滑滤波的作用。

3. 谐振功能

电感器与电容器并联可构成 LC 谐振电路,通过谐振电路来阻止一定频率信号的干扰。电感器对交流信号的阻抗随频率的升高而增大,电容器对交流信号的阻抗随频率的升高而减小,当输入信号经过 LC 串联谐振电路时,频率较高的信号因阻抗大而难通过电感器,频率较低的信号因阻抗大也难通过电容器,谐振频率信号因阻抗最小而容易通过。因此,LC 串联谐振电路可以起到选频的作用。

除此以外,电感器的其他功能应用也十分广泛,如利用电感器的电磁感应特性,可制作磁头、电机、电磁铁、继电器等磁性元器件;可应用于显像管的偏转线圈、聚焦线圈、枕形校正线圈,这些线圈都属于特殊电感器;阻流电感器可以在电路中阻塞交流电流通路,也称为"阻流圈"。

1.3.4 电感器的检测方法

测量电感器前需要进行外观检查,看线圈有无松散,引脚有无折断、生锈现象。用万用表的欧姆挡测量线圈的直流电阻,若为无穷大,说明线圈(或与引出线间)有断路;若比正常值小很多,说明有局部短路;若为零,则线圈被完全短路。对于金属屏蔽罩的电感器线圈,还需检查它的线圈与屏蔽罩间是否短路;对于有磁芯的可调电感器,应检查磁芯螺纹配合是否良好。

(1) 色环电阻和色码电阻的检测

先根据标注的色环或色点信息识读标称电感值,再根据识读的电感量选择合适的万用表量程(具备电感测量功能的万用表)。万用表量程尽量选择与标称值相近的量程:若量程选择过大,则会影响测量结果的准确性;若所测值与电感量相近,表示电感器正常;若相差过大,则说明被测电感器性能不佳。

(2) 电感线圈的检测

可使用电感测试仪、频率特性测试仪等对电感线圈进行检测,在检测时需要提前设置好测试设备的基本参数。

（3）贴片电感器的检测

由于贴片电感器体积较小，直接用万用表检测有一定的困难，可在测试前对万用表的表笔进行处理，如先绑上大头针再进行测量。

（4）微调电感器的检测

先了解微调电感器的引脚功能，找出其内部的测试引脚，再选择合适的万用表量程，最后用万用表的两个表笔分别与电感器内部引脚相接进行测试。一般情况下，微调电感器内部电感线圈的阻值接近 0，这种方法可用来检测微调电感器内部是否有短路或断路的情况。

第 2 章 常用的非线性电子元件

如果元件两端的电压和流过其内部的电流不成正比关系,那么这类元器件就叫做非线性元件,常用的非线性电子元件有二极管、三极管等。

2.1 二极管

将 PN 结用外壳封装起来,并加上电极引线就构成了二极管,由 P 区引出的电极为阳极,由 N 区引出的电极为阴极。

2.1.1 二极管的类型及特点

二极管按所用材料,可分为硅管和锗管。在一般情况下,锗二极管的正向电压降比硅二极管的小,通常为 0.2~0.3 V,硅二极管的正向电压降为 0.6~0.7 V;锗二极管的耐高温性能不如硅二极管。

二极管按 PN 结的面积大小可分为点接触型、面接触型和平面型三种,如图 2-1-1 所示。

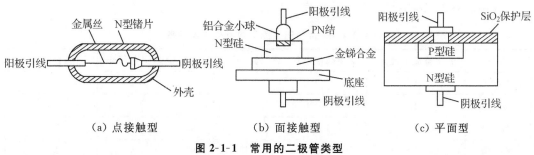

(a) 点接触型　　　　(b) 面接触型　　　　(c) 平面型

图 2-1-1　常用的二极管类型

点接触型二极管是用一根很细的金属丝与一块 N 型半导体晶片的表面接触,使触点和半导体牢固熔接构成 PN 结,二极管的结面积小,结电容小,工作频率高,只能通过小电流,可用于高频电路和小功率整流。

面接触型二极管内部 PN 结采用合金法或扩散法制成,二极管的结面积大,结电容大,工作频率低,能通过大的电流,可用于大功率整流。

平面型二极管的结面积可大可小,结面积大时,可用于大功率整流;结面积小时,可用作开关管。

常用的二极管符号如图 2-1-2 所示。

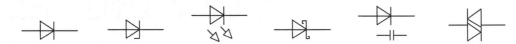

(a) 普通二极管　(b) 单相击穿二极管　(c) 发光二极管　(d) 瞬态抑制二极管　(e) 变容二极管　(f) 双向二极管

图 2-1-2　常用的二极管符号

二极管的应用十分广泛,在不同的场合需要不同功能的二极管,常用的有开关二极管、检波二极管、整流二极管等。

1. 开关二极管

开关二极管因其具有结电容小、反向漏电流小、开关速度快(ns 数量级)、可靠性高等特点,被广泛应用于各类高速开关电路、限幅电路中。常用的开关二极管型号有 1N4148、1N4149、1N4448、1N4151、1N4152、MA165、MA166、MA16。

2. 检波二极管

检波(解调)二极管利用二极管的非线性特性把调制在高频载波上的低频(音频)信号检出。检波二极管多为点接触型结构,具有 PN 结电容小、工作频率高、反向电流小等优点。其主要应用在半导体收音机、收信机、电视机及高频通信设备中,常用的检波二极管型号有 1N60、1SS86、1N34、BAT85、2AP9。

3. 整流二极管

整流二极管利用内部 PN 结的单向导电性,把交流电转变为单向的脉动直流电。整流二极管属于面接触型二极管,正向工作电流较大,但开关特性及高频特性均较差,常用于把交流电信号变成直流脉动电信号的场合。

常用的整流二极管型号及参数见表 2-1-1。

表 2-1-1　常用的整流二极管型号及参数

型号	正向整流电流/A	反向峰值电压/V	外形尺寸(直径×管体长度)/mm	引脚直径/mm
1N4007	1	1 000	3×6	0.8
1N5399	1.5	1 000	4×8	0.9
1N5408	3	1 000	6×10	1.2
6A10	6	1 000	9×10	1.3

4. 肖特基二极管

肖特基二极管利用金属与半导体接触所形成的"金属-半导体结"进行工作,具有正向压降低(0.2~0.3 V)、开关频率高等优点。其被广泛用在开关电源高频整流、续流电路中。一一般不超过 60 V 的反向击穿电压,限制了其在高电压电路中的应用。常用的肖特基二极管型号有 1N5817(20 V/1 A/10 ns)、1N5818(30 V/1 A)、1N5819(40 V/1 A)、1N5820(20 V/3 A)、1N5822(40 V/3 A)、16CTQ100(16 A/100 V/10 ns)。

5. 快恢复二极管

快恢复二极管的内部结构不同于普通 PN 结二极管,而是一种"PIN"结构(PN 结中加入了 I 层),具有开关特性好、反向恢复时间较短、正向压降较低、反向击穿电压值较高等优点。其主要用在开关电源、直流变频器等电路中,用于高频整流及续流。常用的快恢复二极管型号有 MUR180(1 A/800 V/35 ns)、MUR460(4 A/600 V/35 ns)、FR107(1 A/1 000 V/300 ns)、UF4007(1 A/1 000 V/70 ns)。

较高输出电压的开关电源次级一般不使用反向耐压较低的肖特基二极管,而较多采用反向耐压较高、反向恢复时间略长一点的快恢复二极管。

6. 变容二极管

变容二极管 PN 结电容的容量与加载的反向偏压相关:反向偏压越高,结电容越小;反向偏压越低,结电容越大。变容二极管可以替代可变电容,用于调频(FM)收音机、电视接收机的调谐回路。变容二极管的体积比可变电容要小得多,与数字系统的接口也更加匹配。

7. 稳压二极管

稳压二极管也称为齐纳二极管,是一种硅材料制成的面接触型二极管,当其工作在反向击穿状态后,在一定电流范围内,可以提供一个相对稳定的电压值,常应用于需要稳压的电路。(图 2-1-3)

稳压二极管工作电路的特点:

① 稳压二极管在电路中应反接,才能获得额定的稳压值;

② 稳压二极管在使用时需要串联一个一定阻值范围的限流电阻。

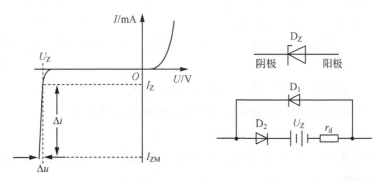

(a) 稳压二极管特性曲线　　(b) 稳压二极管符号及等效电路

图 2-1-3　稳压二极管的特性曲线、符号及等效电路

【注意】　稳压二极管的稳定电压值离散性很大,即使同一厂家、同一型号甚至同一生产批号的产品,其稳压值也不尽相同。如果需要高精度的稳压值,可以使用带隙电压基准,或者采购同一批稳压二极管进行测试、筛选。

【技巧】 如果所需稳压二极管的稳压值较大,可将几只稳压值较低的稳压二极管串联使用;用硅整流二极管或者发光二极管(LED)正向串联后,可代替较低稳压值的稳压二极管使用。不建议并联使用稳压二极管。

8. 整流桥堆

整流桥堆一般是先将 4 只硅整流二极管接成桥式结构,再用环氧树脂或塑料封装成的半导体器件,具有体积小、效率高、成本低等优点,整流桥堆二极管元件如图 2-1-4 所示。

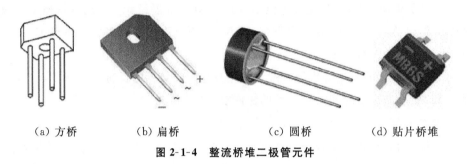

(a) 方桥　　　　(b) 扁桥　　　　(c) 圆桥　　　　(d) 贴片桥堆

图 2-1-4　整流桥堆二极管元件

9. 发光二极管

发光二极管是一种把电能转换为光能的二极管,其基本结构就是一个 PN 结,具有单向导电性;外加反向电压时,不导通,也不发光;外加正向电压且足够大时,有较大的正向电流流过,多数载流子的扩散运动加剧,大量的电子和空穴在空间电荷区复合时释放能量,发出一定波长的可见光,发光颜色取决于所用材料。发光二极管元件及符号如图 2-1-5 所示。

 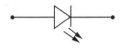

图 2-1-5　发光二极管元件及符号

LED 的发光强度与正向电流相关,发光颜色(波长)则由 LED 的制造材料决定。同时 LED 还具有以下特点:

① LED 正向工作电压较低,仅 1.6~2 V 即可点亮;

② LED 工作电流小,相同发光强度的电流不到传统白炽灯的 10%;

③ LED 从上电到发光仅需要 ms 级的响应时间;

④ LED 可工作 $1 \sim 1 \times 10^5$ h,在亮灭交替的闪烁电路中,其他发光指示元件无法替代。

10. 光电二极管

光电二极管是一种将光能转换为电能的特殊二极管。其基本结构为一个面接触型的 PN 结,管壳上有一个嵌着玻璃的窗口,便于光线射入,在反向电压下,无光照时,反向电流极小;有光照时,由于 PN 结对光特别敏感,产生较多的电子空穴对,在反向电压作用下,形成较大的反向电流。光电二极管的反向电流与光照强度成正比。光电二极管元件及符号如图 2-1-6 所示。

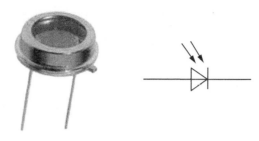

图 2-1-6　光电二极管元件及符号

2.1.2　二极管的参数标识

二极管的参数标识或命名方式，一般会因国家、地区和生产厂商的不同而不同。国产二极管的命名一般由五个部分组成，即电极数目、材料/类型、器件用途、序号和规格组成，一般第五部分规格会省略不写，第四部分序号一般用数字表示同类产品中的不同品种，以区分产品的外形尺寸和性能指标等，有时也会被省略掉。参数中不同数字与不同字母表示的含义如表 2-1-2 所示。

表 2-1-2　二极管参数中不同数字与不同字母表示的含义

第一部分		第二部分		第三部分		第四部分	第五部分
用数字表示器件的电极数目		用字母表示器件的材料/类型		用字母表示器件用途		用数字表示序号	用字母表示规格
符号	意义	符号	意义	符号	意义	意义	意义
2	二极管	A	N型,锗材料	P	小信号管	反映了极限参数、直流参数和交流参数的差别	反映了承受反向击穿电压的程度，如规格号A,B,C,D,…其中A承受的反向击穿电压最低，B次之……
		B	P型,锗材料	V	混频检波器		
		C	N型,硅材料	W	稳压管		
		D	P型,硅材料	C	变容器		
				Z	整流管		
				S	隧道管		
				GS	光电子显示器		
				K	开关管		
				T	半导体闸流管		
				Y	体效应管		
				B	雪崩管		
				J	阶跃恢复管		
				CS	场效应管		
				BT	半导体特殊器件		
				PIN	PIN管		
				GJ	激光管		

美产二极管、日产二极管及国际电子联合会二极管的命名方式都是不一样的。

美产二极管的命名包括五个部分,第一部分是用字母表示类型;第二部分是有效极数,即用数字表示有效 PN 结的极数;第三部分是注册标志(N),N 表示已在美国电子工业协会注册登记;第四部分是序号,用多位数字表示美国电子工业协会登记的顺序号;第五部分是规格号,用字母表示同一型号的改进型产品。

日产二极管的命名也包括五个部分,但是与美产的有一定区别,第一部分是用数字 1 表示有效极性引脚;第二部分是注册标志(S),S 表示已在日本电子工业协会注册登记;第三部分是用字母表示的材料/极性;第四部分是序号,用数字表示在日本电子工业协会登记的顺序号,两位以上的整数从 11 开始,若为同公司但性能相同,则可以使用同一顺序号,数字越大,越是近期产品;第五部分规格号,用字母表示同一型号的改进型产品。

国际电子联合会二极管的命名包括四个部分,即材料、类别、序号和规格型号。其中,序号部分用数字或数字与字母混合表示登记序号,通用二极管用三位数字表示,专用二极管用一个字母加两位数字表示;规格型号部分用字母 A~E 表示同一型号的不同类别。二极管命名含义见 2-1-3。

表 2-1-3 二极管命名含义

材料字母的含义		类别字母的含义	
字母	含义	字母	含义
A	锗材料	A	检波管
B	硅材料	B	变容管
C	砷化镓	E	隧道管
D	锑化铟	G	复合管
R	复合材料	H	磁敏管
—	—	P	光敏管
—	—	Q	发光管
—	—	X	倍压管
—	—	Y	整流管
—	—	Z	稳压管

2.1.3 二极管的电气参数

二极管的电气参数主要包括:

① 最大整流电流 I_F:二极管连续工作时,允许流过的最大正向电流的平均值。超过此值,二极管可能被烧坏。

② 最高反向工作电压 U_{RM}:二极管工作时,允许外加的最大反向工作电压,通常为反向击穿电压的一半。

③ 反向电流 I_R:二极管未击穿时的反向电流。硅二极管的反向电流一般在纳安级;锗二极管在微安级。反向电流对温度极为敏感。

④ 最高工作频率 f_M：二极管工作的上限截止频率。由于结电容的作用，超过此值时，将不能很好地体现二极管的单向导电性。

2.1.4 二极管的检测方法

检测小功率二极管的方法是判别正、负电极，主要方法如下：

① 观察外壳上的符号标记：通常在二极管的外壳上标有二极管的符号，带有三角形箭头的一端为正极，另一端是负极。

② 观察外壳上的色点：在点接触型二极管的外壳上，通常标有极性色点（白色或红色），一般标有色点的一端为正极；还有的二极管上标有色环，带色环的一端则为负极。

③ 用指针式万用表测量二极管的正负极：把万用表欧姆挡置于"$R×100$"或"$R×1\ k$"挡位，两表笔分别接二极管的两端，测量结果以阻值较小的一次测量为准，黑表笔所接的一端为正极，红表笔所接的一端则为负极。

④ 观察二极管外壳：带有银色边的一端为负极。

检测双向触发二极管一般不采用直接检测正、反向阻值的方法，因为在没有足够（大于转折电压）的供电电压时，双向触发二极管本身呈高阻状态，用万用表检测阻值的结果也只能是无穷大，在这种情况下，无法判断双向触发二极管是正常还是开路，因此这种检测没有实质性的意义。

综上所述，整流二极管、开关二极管、检波二极管通过检测正、反向阻值进行判断；稳压二极管、发光二极管、光敏二极管和双向触发二极管需要搭建测试电路检测相应的特性参数进行判断；变容二极管实质就是电压控制的电容器，在调谐电路中相当于小电容，检测正、反向阻值无实际意义。

2.2 三极管

双极型晶体管俗称"三极管"（BJT），是一种以小电流控制大电流的放大器件，由于晶体管中有自由电子和空穴两种载流子参与导电，故又称为双极型晶体管（BJT）。其在电路中主要用于信号放大、信号开关。图 2-2-1 所示为常用的几种三极管。

图 2-2-1　常用的三极管

2.2.1　三极管的分类

按不同的分类方法,三极管可分为多种。三极管按掺杂形式可分为:NPN 型和 PNP 型,其符号如图 2-2-2 所示,箭头表示发射结正偏时的电流方向;按半导体材料可分为:硅三极管和锗三极管;按功率可分为:大功率管、中功率管和小功率管;按三极管的内部结构可分为:普通三极管、达林顿三极管、带阻三极管、阻尼三极管、光电三极管等类型。

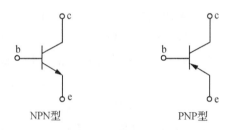

图 2-2-2　三极管的符号

锗三极管以 PNP 型居多,目前已较少使用。

硅材料制成的三极管是目前应用的主流,NPN 型硅管性价比略优于 PNP 型硅管。处于正常放大状态的 NPN 型三极管,基极电压比发射极电压高 0.6 V 左右;而 PNP 型基极电压比发射极电压低 0.6 V 左右。

2.2.2　三极管的参数识别

常用的国产三极管的型号一般包括五个部分:第一部分是产品名称,用数字 3 表示,"3"表示有效极性引脚;第二部分是用字母表示的材料和极性;第三部分是用字母表示的类型;第四部分是序号,用数字表示同类产品中的不同品种,以区分产品的外形尺寸和性能指标等,有时会被省略;第五部分是规格型号,表示三极管生产的规格型号,有时会被省略。不同字母和数字代表的含义如表 2-2-1 所示。

表 2-2-1 三极管型号中不同字母和数字代表的含义

第一部分 (产品名称)		第二部分 (材料/极性)		第三部分 (类型)		第四部分 (序号)	第五部分 (规格型号)
数字	含义	字母	含义	字母	含义	数字	字母
3	三极管	A	锗材料,PNP型	G	高频小功率管	用数字表示同类产品中的不同品种,以区分产品的外形尺寸和性能指标等,有时会被省略	表示三极管生产的规格型号,反映承受反向击穿电压的程度用A,B,C,D,…表示,A表示承受的反向击穿电压最低
		B	锗材料,NPN型	X	低频小功率管		
		C	硅材料,PNP型	A	高频大功率管		
		D	硅材料、NPN型	D	低频大功率管		
		E	化合物材料	T	闸流管		
				K	开关管		
				V	微波管		
				B	雪崩管		
				J	阶跃恢复管		
				U	光敏管(光电管)		
				J	结型场效应晶体管		

如图 2-2-3 所示是三极管的型号命名。

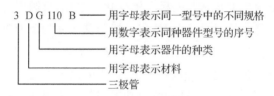

图 2-2-3 三极管的型号命名

由三极管型号对照表 2-2-1 可知,该三极管为高频小功率 NPN 型硅三极管。

日产三极管的型号表示与国产三极管有一定的区别,通常日产三极管也是由五个部分组成,第一部分为有效极性或类型,用数字表示,1 为二极管,2 为三极管;第二部分为代号,字母 S 表示已在日本电子工业协会注册登记。第一部分和第二部分的 2S 经常被省略;第三部分为材料/极性,用字母表示:A 为 PNP 型高频管,B 为 PNP 型低频管,C 为 NPN 型高频管,D 为 NPN 型低频管;第四部分为序号,用数字表示,从 11 开始,表示在日本电子工业协会注册登记的序号;第五部分为规格型号,表示三极管生产的规格型号,有时会被省略。

美产三极管的型号命名与国产和日产的又不一样,包括三个部分,第一部分为有效极性或类型,用数字 2 表示三极管;第二部分为代号,用字母 N 表示;第三部分为序号。

2.2.3 三极管的电气参数及应用

1. 三极管的电气参数

三极管是一种电流放大器件,可以用较小的基极电流控制较大的集电极电流,可用其制成交流或直流信号放大器,由基极输入的微小电流信号去控制集电极输出大电流信号,其工作原理如图 2-2-4 所示。

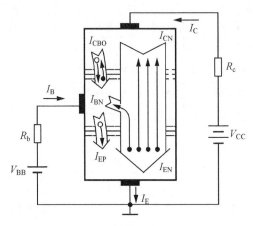

图 2-2-4　三极管工作原理

三极管的主要电气参数包括直流参数和极限参数。直流参数包括:电流放大系数、反向饱和电流 I_{CBO} 和穿透电流 I_{CEO}。电流放大系数包括直流放大系数和交流放大系数,直流放大系数表示集电极电流与基极电流的比值,反映了三极管对直流信号的放大能力;交流放大系数表示集电极电流的变化量与基极电流变化量之比,反映了三极管对交流信号的放大能力。反向饱和电流是指发射极开路时,集电极与基极间的反向饱和电流。穿透电流是指基极开路时,集电极与发射极间的穿透电流,并满足 $I_{CEO}=(1+\bar{\beta})I_{CBO}$。

极限参数包括集电极最大允许耗散功率 P_{CM}、集电极最大允许电流 I_{CM}、极间反向击穿电压 U_{BR}。P_{CM} 指三极管集电结上允许的最大功率损耗。一旦集电结产生的功耗超过 P_{CM} 使集电结温度升高,三极管将损坏。对于 I_{CM},当 I_C 增大到一定数值时 β 会下降,使 β 明显减小的 I_C 即为 I_{CM}。

极间反向击穿电压包括三种情况:发射极开路时集电极-基极间的反向击穿电压 $U_{(BR)CBO}$;基极开路时集电极-发射极间的反向击穿电压 $U_{(BR)CEO}$;集电极开路时发射极-基极间的反向击穿电压 $U_{(BR)EBO}$。

2. 三极管的应用

三极管的典型应用有放大器和电子开关,功能如下所述:

① 放大作用:三极管具有放大功能的基本条件是保证基极和发射极之间加正向电压(发射结正偏),基极与集电极之间加反向电压(集电结反偏)。基极相对于发射极为正极性电压,基极相对于集电极为负极性电压。

② 开关作用:三极管的集电极电流在一定范围内随基极电流呈线性变化,当基极电流超出此范围时,三极管的集电极电流达到饱和值(导通);当基极电流低于此范围时,三极管进入截止状态(断路)。三极管的这种导通或截止特性在电路中可起到开关作用。

应用场景如下:

① 对于小信号放大电路,主要考虑电路放大能力、输出噪声、带宽等因素,应侧重考虑

管子的电流放大系数、截止频率、反向饱和电流、噪声系数等参数的选择；

② 对于大信号(含高压)放大电路,主要考虑电路输出失真、工作稳定性等因素,应侧重考虑三极管的极限电压参数；

③ 对于电流放大(功放)电路,主要考虑三极管的集电极电流、额定功率,同时需要对三极管进行主动或被动的散热设计；

④ 对数字电路而言,需要更多地关注三极管的开关特性及工作频率。

三极管正常工作需满足一定的参数条件,超过允许条件后,三极管可能会发生永久性的损坏,因此在选用三极管时,应充分考虑下列因素：三极管实际工作时,V_{CE}、I_C、P_C 不能超过手册中规定的极限值,并适当留出裕量；三极管在装配、焊接时,引脚顺序不要装反；中、大功率三极管集电极须外加合适的散热片,散热片与集电极之间尽量做绝缘处理；作信号放大用的小功率三极管须远离电路 PCB 中的发热源。

2.2.4 三极管的检测方法

检测三极管首先需要判断三极管管型和引脚的极性,常用的方法是通过万用表进行检测,如果采用指针式的万用表可根据电阻的大小判别是采用"×100"还是采用"×1 k"的欧姆挡；如果采用的是数字万用表,可根据测得的电压判别选用万用表的二极管挡位。

以指针式万用表为例(根据指针式万用表欧姆挡的等效电路可知,红表笔所连的是表内部电池的负极,黑表笔连接的是表内部电池的正极),检测时可先假设三极管的某个引脚为基极,并将万用表的黑表笔搭接在这个假设的基极上,万用表的红表笔搭接剩余两个引脚中的任意一个引脚,万用表的指针有一定偏转,将万用表的红表笔换到另一个引脚上,万用表指针依然存在一定偏转,且两次的测量结果相近,可认为假设的基极是正确的,并且可确定这个管子的管型为 NPN 型。如果不满足上述关系,可更换测量引脚,重复上述过程,直到确定基极为止。接下来就需要判断集电极和发射极,可以通过测穿透电流的方法来确定集电极和发射极。如果现象不明显,可将基极用嘴巴含住,用黑表笔搭接在一根电极上,红色表笔搭接在剩余的一根电极上,观察此时万用表的偏转角；转换两个表笔的位置,观察此时万用表的偏转角,这两次的测量偏转角会有大小之分,选择偏转角大的测量条件,此时的电流方向一定是黑表笔→集电极→基极→发射极→红表笔,电流流向正好与三极管符号中箭头方向一致,顺箭头,即黑表笔接的是集电极,红表笔接的是发射极。

对于 PNP 型的三极管,检测原理与 NPN 型的类似,但是检测的顺箭头的电流流向为黑表笔→发射极→基极→集电极→红表笔,即黑表笔接的是发射极,红表笔接的是集电极。

在测得三极管引脚极性的基础上可以继续通过万用表的欧姆挡来判断三极管的好坏,以 NPN 型三极管为例,通常 NPN 型三极管的基极和集电极之间有一定的正向电阻,而反向电阻是无穷大的；基极与发射极之间有一定的正向电阻,反向电阻为无穷大；集电极与发射极之间的正向、反向电阻都为无穷大。按照以上的规律可判别三极管是否能够正常工作。

2.3 场效应管

2.3.1 场效应管的分类

场效应晶体管简称场效应管(FET),又称单极型晶体管,是一种典型的电压控制型半导体元件,具有输入阻抗高、噪声小、功耗低、受温度和辐射影响小等特点,适用于高灵敏度、低噪声的电路。

按照结构不同,场效应管可分为结型和绝缘栅型两种。结型场效应管又分为 N 沟道和 P 沟道两种;绝缘栅型场效应管除有 N 沟道和 P 沟道之分外,还有增强型和耗尽型之分。场效应管的分类如图 2-3-1 所示。

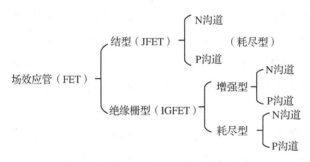

图 2-3-1 场效应管的分类

2.3.2 场效应管的参数标识

场效应管的参数标识的命名方式因国家、地区、生产厂家的不同而不同。国产场效应管的命名方式有两种,第一种是"数字＋字母＋字母＋数字"的命名方式,如图 2-3-2(a)所示,在这种命名方式中主要有四个部分:第一部分是极性,通常用数字 3 表示三电极;第二部分是材料,用字母表示,C 表示 N 型管,D 表示 P 型管;第三部分是类型,用字母表示,其中,J 表示结型场效应晶体管,O 表示绝缘栅型场效应晶体管;第四部分是规格型号,表示同种类型的不同规格。例如,场效应晶体管的参数标识为 3DJ61,表示 P 沟道结型场效应晶体管,规格型号为 61。第二种命名方法是以"CS＋数字＋字母"的方式命名,如图 2-3-2(b)所示,这种命名方式包括三个部分:第一部分是类型,用字母 CS 表示场效应晶体管;第二部分是用数字表示的序号;第三部分是规格型号,表示同种类型的不同规格。

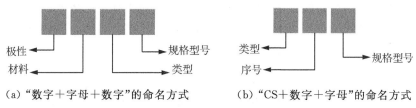

(a) "数字＋字母＋数字"的命名方式　　(b) "CS＋数字＋字母"的命名方式

图 2-3-2　国产场效应管的命名方式

国外对场效应管的命名方式与国内有一定区别,以日产的场效应管为例,如图 2-3-3 所示。日产的场效应管包括五个部分:第一部分为名称,用数字表示,2 表示三极管或具有两个 PN 结的其他三极管;第二部分是代号,一般用字母 S 表示已在日本电子工业协会注册登记;第三部分是用字母表示的类型,J 表示 P 沟道场效应管,K 表示 N 沟道场效应管;第四部分是顺序号,用数字表示,从 11 开始,表示在日本电子工业协会注册登记的顺序号;第五部分是改进类型,用字母 A～F 表示对原来型号的改进产品。

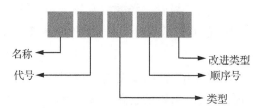

图 2-3-3　日产场效应管的命名方式

2.3.3　场效应管的主要参数及应用

1. 场效应管的主要参数

场效应管的参数很多,包括直流参数、交流参数和极限参数,但一般在使用时关注的主要参数有:开启电压 $U_{GS(th)}$(增强型绝缘栅管)、夹断电压 $U_{GS(off)}$(结型管和耗尽型绝缘栅管)、饱和漏极电流 I_{DSS}、跨导 g_m、漏源击穿电压 $U_{(BR)DS}$、漏极最大允许耗散功率 P_{DM}、最大漏源电流 I_{DM}。

① 开启电压 $U_{GS(th)}$ 是指增强型绝缘栅场效应管刚开始形成导电沟道的临界电压。

② 夹断电压 $U_{GS(off)}$ 是指在结型管和耗尽型绝缘栅管中,当 U_{GS} 的负值达到某一数值 $U_{GS(off)}$ 时,导电沟道消失,$I_D \approx 0$ 时的临界电压称为夹断电压。

③ 饱和漏极电流 I_{DSS} 是指在结型管和耗尽型绝缘栅管中,当栅源之间的电压 U_{GS} 等于零,而漏源之间的电压 U_{DS} 大于夹断电压时对应的漏极电流。

④ 跨导 g_m 表示栅源电压 U_{GS} 对漏极电流 I_D 的控制能力,即漏极电流 I_D 变化量与栅源电压 U_{GS} 变化量的比值。g_m 是衡量场效应管放大能力的重要参数。

⑤ 漏源击穿电压 $U_{(BR)DS}$ 是指栅源电压 U_{GS} 一定时,场效应管正常工作所能承受的最大漏源电压。这是一项极限参数,加在场效应管上的工作电压必须小于 U_{DS}。

⑥ 漏极最大允许耗散功率 P_{DM} 是一项极限参数,指场效应管性能不变坏时所允许的

最大漏源耗散功率。使用时场效应管实际功耗应小于 P_{DM} 并留有一定余量。

⑦ 最大漏极电流 I_{DM} 也是一项极限参数,是指场效应管正常工作时,漏源间所允许通过的最大电流,场效应管的工作电流不应超过 I_{DM}。

2. 场效应管的应用

结型场效应管是利用沟道两边耗尽层的宽窄改变沟道导电特性来控制漏极电流实现放大功能的。结型场效应管一般用于音频放大器的差分输入电路及调制、放大、阻抗变换、稳流、限流、自动保护等电路中。

绝缘栅型场效应管是利用 PN 结之间感应电荷的多少改变沟道导电特性来控制漏极电流实现放大功能的。绝缘栅型场效应管常用在音频功率放大、开关电源、逆变器、电源转换器、电动机驱动、继电器驱动等电路中。

对比场效应管和三极管的工作特性,场效应管是电压控制型,三极管是电流控制型。在只允许从信号源获取较小电流的情况下,应选用场效应管;在信号电压较低,又允许从信号获取较大电流的情况下,应选用三极管。场效应管输入电阻高,适用于高输入电阻的场合。场效应管的噪声系数小,适用于低噪声放大器的前置级。在使用时需要注意以下几点:

① 在选用场效应管时,注意使用场合,如信号源内阻较高,电路需要有较好的放大作用和较低的噪声系数的情况,或者电路要求超高频和低噪声的情况。为了安全使用场效应管,在电路设计中不能超过管子的耗散功率、最大漏源电压,最大栅源电压和最大电流等参数的极限值。

② 在使用各类型场效应管时,要严格按要求的偏置接入电路中,要遵守场效应管偏置的极性。结型场效应管的栅极电压不能反接,但可以在开路状态下保存,如结型场效应管栅源漏之间是 PN 结,N 沟道管栅极不能加正偏压,P 沟道管栅极不能加负偏压等;MOS 场效应管在不使用时必须将各极引线短路;由于 MOS 场效应管输入阻抗极高,所以在运输、贮藏中如果不将引出脚短路,可能会造成外来感应电势将栅极击穿;对于输入电阻较高的场合,同时要注意管子的防潮,避免输入电阻的降低。

2.3.4 场效应管的检测方法

1. 管脚极性检测

对场效应管的检测可通过万用表来完成,对于引脚电极的识别与检测,可根据 PN 结正、反向电阻阻值的不同来判别场效应管的 G、D、S 三个极。这里需要注意,结型场效应管和绝缘栅型场效应管的检测有一定的区别。

对于结型场效应管,在检测时将万用表的量程置于"$R \times 1$"挡,用万用表的两个表笔分别测量任意两个电极之间的正向电阻和反向电阻。当两个引脚间的正、反向电阻相等,均为几千欧时,则可将这两个电极确定为漏极 D 和源极 S(结型场效应管的 D 和 S 极可以互换),剩下来的一个极为栅极 G。

对于绝缘栅型场效应管,在检测时如果没有专门的测试仪器,需要用万用表来检测,并注意在测量前,在栅极和源极之间接上几兆欧的大电阻,以防止栅极被击穿。测量时选用万用表的"$R×1\text{ k}$"挡,先将黑表笔搭接在任意一个引脚上,红表笔分别接其他两个引脚,如果阻值都为无穷大,则切换红黑表笔的位置(红表笔接原来黑表笔的引脚,黑表笔分别接其他两个引脚),如果阻值也为无穷大,则固定不动的那支表笔所接的引脚就为栅极。确定完栅极后,再用万用表测量其他两个引脚的电阻,若测得电阻无穷大,将红黑表笔调换位置再测,阻值较小的一次,红表笔接的引脚为漏极 D,黑表笔接的引脚为源极 S。

2. 放大能力估测

对于结型场效应管,可将万用表的量程置于"$R×100$"挡,两个表笔分别接漏极 D 和源极 S,用手捏住栅极 G,此时相当于注入了人体感应电压,万用表的指针会向左或向右偏转。表针偏转的幅度越大说明场效应管的放大能力越强,如果指针不动,可判断该管已损坏。

对于绝缘栅型场效应管,它的输入阻抗是很大的,因此为了防止人体的感应电压击穿栅极,测试时不能用手直接触摸栅极,可用螺丝旋具的金属杆去接触栅极,此时手应该放在螺丝旋具的绝缘柄上。

第3章 集成电路

集成电路利用半导体工艺将电阻器、电容器、晶体管及连线制作在很小的半导体材料或绝缘基板上,形成一个完整的电路,并封装在特制的外壳中,具有结构简单、体积小、功耗低、性能好、重量轻、可靠性高、成本低等诸多优点。

虽然集成芯片在各类电子电路设计中得到广泛应用,但受微电子制造工艺的限制,在高电压、大电流、高频(射频)、极高精度放大、极低噪声放大等特殊应用背景的电路系统中,集成芯片尚不能全面取代半导体分立器件。

3.1 集成电路的类型及封装特点

3.1.1 集成电路的类型

集成电路的分类方法有很多,根据不同的分类方法会得到不同类型的集成电路,如图3-1-1所示。

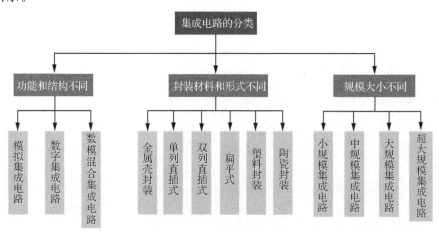

图 3-1-1 集成电路的分类

模拟集成电路又称线性电路,用来产生、放大和处理各种模拟信号(幅度随时间变化的信号,如半导体收音机的音频信号、录放机的磁带信号等),其输入信号和输出信号成比例关系;数字集成电路用来产生、放大和处理各种数字信号(在时间上和幅度上离散取值的信号,如 3G 手机、数码相机、数字电视的逻辑控制和重放的音频信号、视频信号等)。

模拟集成电路又包括运算放大器、功率放大器、电压比较器、直流稳压器和专用集成电路等。数字集成电路使用最多的是 TTL 和 CMOS 两大系列。

小规模集成电路(简称为 SSIC),每块芯片集成元器件通常在 100 个以下;中规模集成电路(简称为 MSIC),每块芯片集成元器件为 100～1 000 个;大规模集成电路(简称为 LSIC),每块芯片集成元器件在 1 000～100 000 个;超大规模集成电路(简称为 VLSIC),每块芯片集成元器件在 10 万个以上,特大规模集成电路(简称为 ULSIC),每块芯片集成元器件在 100 万个以上。

使用集成芯片时需参照生产厂家提供的芯片功能、内部框图、引脚排列与外围电路结构、参数选择等信息进行硬件电路设计。集成电路的分类及示例如表 3-1-1 所示。

表 3-1-1　集成电路的分类及示例

模拟集成电路	线性电路	包括运算放大器、电压比较器、乘法器、滤波器、V/I 转换芯片、V/F 转换器、F/V 转换器、集成功放芯片、多路复用器
	光电电路	包括光电耦合器、光电发送/传输接收芯片、CMOS 感光芯片
	电源电路	包括 LDO 稳压器、PWM 控制器、电压基准、电池充电管理芯片
	传感器电路	包括霍尔效应传感器、热释传感器芯片、触觉驱动器
	音视频电路	包括音调控制器、音频放大器、视频放大器、视频矩阵模拟开关
混合电路	包括缓冲器、ADC、DAC、电平转换芯片、模拟开关、数字选择、分配器、采样保持芯片	
数字集成电路	通用数字逻辑器件	包括门电路、译码器、编码器、触发器、计数器、加法器、锁存器、定时器、多谐振荡器、计数器、移位寄存器、单稳态触发器
	微处理器	包括单片机、DSP、ASIC 器件
	可编程逻辑器件	包括 FPGA、CPLD、PAL、GAL、PSOC
	动态静态存储器	包括 ROM、RAM、E2PROM、Flash、FRAM

3.1.2　集成电路的封装特点

1.单列直插式封装

单列直插式封装(SIP)引脚从封装的一个侧面引出,排成一条直线,引脚数一般比较少。

2. 双列直插式封装

双列直插式封装(DIP)是一种常见的集成芯片封装形式。其包含两排直插式引脚;两排引脚之间的间距有 300 mil(1 mil=0.025 4 mm,后同)(窄体)与 600 mil(宽体)两种;每排引脚中,相邻两只引脚间的间距一般为 100 mil,体积相对较大。

3. 表面贴片式封装

表面贴片式封装(SOP)采用表面贴装技术(SMT),引脚从封装两侧引出,两只相邻引脚间距仅为 50 mil,并派生出 SOJ(J 型引脚小外形封装)、TSOP(薄小外形封装)、VSOP(甚小外形封装)、SSOP(缩小型外形封装)、TSSOP(双列表面收缩型 SOP 薄型封装,相邻引脚距离缩减到 26 mil,折合 0.66 mm)、SOT(小外形晶体管)、SOIC(小外形集成电路)、MSOP(微型小外形封装)等多种贴片封装类型。

4. 薄塑封四角扁平封装

薄塑封四角扁平封装(TQFP)采用 SMT 方式,缩小了高度、体积和重量,能有效地利用空间。

5. 塑料有引线芯片载体封装

塑料有引线芯片载体封装(PLCC)是 SMT 封装中的一种,外形呈正方形,引脚从封装的四个侧面引出,封装材料为塑料,外形尺寸比 DIP 小了很多。

6. 插针网格阵列封装

插针网格阵列封装(PGA)常见于微处理器的封装,一般是将集成电路包装在瓷片内,瓷片的底面是排列成方阵列的插针,这些插针可以插到对应的插座上,对于需要频繁插拔的应用场合非常适用。

3.2 集成电路型号和引脚的识别

3.2.1 集成电路型号的识别

国内外集成电路生产厂商对集成电路型号的命名方式不同。集成电路的型号标识通常有以下特点:① 大多由字母和数字混合组成;② 字号一般会稍大一些或更加突出一些;③ 通常字母在前、数字在后或数字在前、字母在后;④ 一般在型号标识中,纯字母多为集成电路的产地或生产厂商,纯数字一般不是型号,大多数为出厂序列号或编号。

国产集成电路型号命名一般包含五个部分,如图 3-2-1 所示,其中:第一部分是字头符号,用字母表示产地;第二部分是类型,用字母表示类型;第三部分是型号数,用数字或字母表示集成系列和品种代号;第四部分是温度范围,用字母来表示;第五部分是封装形式,用字母来表示。国产集成电路型号命名方式中不同字母所表示的含义如表 3-2-1 所示。

图 3-2-1　国产集成电路型号命名方式

表 3-2-1　国产集成电路型号命名方式中不同字母所表示的含义

第一部分		第二部分		第三部分	第四部分		第五部分	
字头符号		类型		型号数	温度范围		封装形式	
字母	含义	字母	含义	数字/字母	字母	含义	字母	含义
C	中国制造	B	非线性电路	用数字/字母表示	C	0 ℃～70 ℃	B	塑料扁平
		C	CMOS		E R M	－40 ℃～+85 ℃	D	陶瓷直插
		D	音响、电视				F	全密封扁平
		E	ECL				J	黑陶瓷直插
		F	放大器				K	金属菱形
		H	HTL			－55 ℃～+85 ℃ －55 ℃～+125 ℃	T	金属圆形
		J	接口器件					
		M	存储器					
		T	TTL					
		W	稳压器					
		U	微机					

索尼公司集成电路型号的命名方式包括四个部分,如图 3-2-2 所示:第一部分为字头符号,CX 为日本索尼公司集成电路标识;第二部分为产品分类,用 1～2 位数字表示产品分类,双极型集成电路用 0、1、8、10、20、22 表示,MOS 型集成电路用 5、7、23、79 表示;第三部分是用数字表示单个产品编号;第四部分是特性部分,用字母表示,若有特性部分改进,则加字母 A,表示改进型。

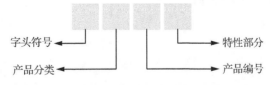

图 3-2-2　索尼公司集成电路型号命名方式

3.2.2 集成电路引脚的识别

每个集成块都有一个标志指出第 1 脚,标志有小圆点、小突起、小凹坑、缺角等。把集成块的引脚朝下,从上向下看,有标志处为第 1 脚,沿逆时针方向依次为 2 脚、3 脚、4 脚……不同封装类型集成电路引脚判别方法略有不同。

如图 3-2-3 所示是常见的三种集成电路的封装形式,可通过以下几种方法判别引脚的序号。

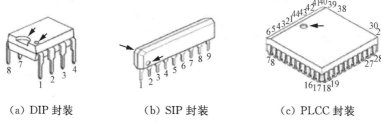

(a) DIP 封装　　　(b) SIP 封装　　　(c) PLCC 封装

图 3-2-3　常见的三种集成电路的封装形式

① DIP 封装的塑料体左侧可能有一个半圆形缺口或一个圆形浅坑;这些标记下方即为芯片的第 1 脚,然后按逆时针方向读数;

② SIP 封装的塑料体左上角有三角形缺口或左下角有一个浅圆坑,这些标记下方即为芯片的第 1 脚,然后从左向右可读数;

③ PLCC 封装在芯片型号面的正上方居中处有一个浅圆坑标记,圆坑正上方引脚即为芯片的第 1 脚,按逆时针方向可识别出其余引脚。

除了以上三种封装外还有金属壳封装,将其芯片引脚朝上,会发现有一个定位标记,从定位标记开始沿顺时针方向依次为 1、2、3 脚,如图 3-2-4 所示。此外,对于少数集成电路,外壳上没有以上所介绍的各种标志,而只有该集成电路的型号,对于这种集成电路引脚序号的识别,应把集成块上印有型号的一面朝上,正视型号,其左下方的第 1 脚为集成电路第 1 脚的位置,然后沿逆时针方向计数,依次是 2 脚、3 脚……

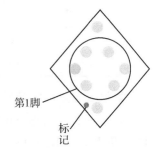

图 3-2-4　金属壳封装

3.3 集成电路的基本应用参数及使用时的注意事项

3.3.1 集成电路的基本应用参数

集成电路的主要参数包括电源电压、耗散功率及工作环境温度。

1. 电源电压

电源电压是指集成电路正常工作时所需的工作电压。

2. 耗散功率

耗散功率是指集成电路在标称的电源电压及允许的工作环境温度范围内正常工作时所输出的最大功率。

3. 工作环境温度

工作环境温度是指集成电路能正常工作的环境温度极限值或温度范围。

3.3.2 集成电路使用时的注意事项

集成电路使用时的注意事项如下。

① 工作在高压、大电流等恶劣环境中的集成电路发生损坏的概率较高。

② 使用集成电路前,应仔细查阅其技术文档和典型应用电路,明确型号、用途、各引脚的功能,正负电源及地线不能接错,注意外围元器件的配置与参数,使设计的电路符合安全规范。

③ 集成电路的电源电压、负载不得超过手册中给出的极限值。

④ 对线性放大集成电路,注意调整零点漂移、防止信号堵塞、消除自激振荡。

⑤ 设置软启动电路,避免集成电路在上电时因瞬间尖峰脉冲而导致损坏。

⑥ 注意集成电路的输入端的电压范围。

⑦ 数字集成电路的多余输入端尽量不要悬空,以避免逻辑错误。

⑧ 不建议用集成运放、比较器、数字器件的输出引脚直接驱动蜂鸣器、扬声器、继电器、电机等工作电流较大的负载。

⑨ 印刷电路板(PCB)布局时,应使集成电路尽量远离发热源,集成电路正常工作时应不发热或微发热,若集成电路发热严重、烫手或冒烟,应立即关掉电源,检查电路接线是否有误。带有金属散热片的集成电路,必须加装适当的散热器,散热器不能与其他元器件或机壳接触,否则可能会造成短路。

⑩ 测试、焊接大规模集成电路,要防止静电引起元器件损坏,测试仪器要保证良好

接地。

⑪ 集成电路是在硅片上制成的电路产品,当集成电路确认损坏后,只能对其进行更换,试图对集成电路进行维修往往是徒劳的。

3.4 集成电路的检测方法及技巧

3.4.1 集成电路的检测方法

集成电路的检测方法分为在线检测法和脱机检测法。

1. 在线检测法

在线检测法是通过万用表检测集成电路各脚直流电压,将其与标准值相比较,以此来判断集成电路的好坏。检测时,首先参照被测电路的电源电压,将万用表量程调至合适挡位的直流电压挡,测量集成电路各引脚对地的静态电压值,将测量值与各引脚的正常电压值进行比较,如果与正常值出入较大,并且外围元器件都正常,则可判定该集成电路已损坏。

2. 脱机检测法

脱机检测法是通过测量集成电路各脚间的直流电阻,并与集成电路各脚间直流电阻的标准值相比较,从而判断集成电路的好坏。测量时,万用表应选择合适的欧姆挡位,分别测量各引脚对地的正向电阻和反向电阻。如果测得的数据与集成电路资料上的数据相符,则可判定集成电路是好的;如果两者相差较大,尤其是电源端对地的阻值为 0 或无穷大,则可判定该集成芯片已损坏。例如,功放集成电路的损坏一般是末级推挽管子击穿,可以用万用表的欧姆挡测量输出端对电源端的阻值,即可粗略判定该功放集成电路是否损坏。

3.4.2 集成电路的检测技巧

1. 防止表笔在集成电路各引脚间滑动的技巧

在使用万用表测试时,通常需要同时使用万用表的两个表笔,这样在测试过程中难免会出现电路板晃动或万用表表笔滑动,针对这些情况,解决的方法如下。

将万用表的黑表笔与直流电压的"地"端固定连接,也就是在"地"端焊接一段带有绝缘层的铜导线,将铜导线的裸露部分缠绕在黑表笔上,放在电路板的外边,以防止表笔的金属部分与电路板上的其他部分连接。这样用一只手握住红表笔,找准欲测量的集成电路引脚,另一只手可扶住电路板,保证在测量时表笔不会滑动。

2. 用铜箔断路法在线测量电流的技巧

测量电流时,需要将表笔串联在电路中,但集成电路引脚众多,焊接起来很不容易,因而可以先用一把美工刀在集成电路的引脚与印刷电路板的铜箔线上刻一个小口,将两个表笔搭在断口两端,这样就可以方便地把万用表的直流电流挡串接在电路中。测量该集成电路引脚的电流后,再用焊锡将断口焊接起来即可。

第 4 章 常用实验仪器介绍

4.1 万用表

万用表又称为复用表、多用表等,是做电子技术相关实验不可缺少的测量仪表,一般以测量电压、电流和电阻为主要目的,是一种多功能、多量程的测量仪表。一般万用表可以测量直流电流、直流电压、交流电流、交流电压、电阻和音频电平等,有的还可以测量交流电流、电容量、电感量及半导体的一些参数(如晶体管放大倍数 β)等。

万用表按显示方式分为指针万用表(图 4-1-1)和数字万用表(图 4-1-2)。指针万用表的发展历史比较悠久,是电子测量及调试维修中的必备仪表。指针万用表的最大特点是由表头指针指示测量的数值,能够直观地显示电流、电压等参数的变化过程和变化方向。操作者通过表头指针的指示位置,再结合量程即可得到测量结果。指针万用表主要有表头、测量电路和转换开关三个组成部分。数字万用表是最常见的仪表之一,采用数字处理技术直接显示所测得的数值。测量时,将功能旋钮设置为不同测量项目的量程,即可通过液晶显示屏直接将电压、电流、电阻等测量结果显示出来。其最大特点是显示清晰、直观,读取准确,既保证了读数的客观性,又符合人们的读数习惯。

图 4-1-1　指针万用表　　图 4-1-2　数字万用表

本节要介绍的是实验室常用的 SDM3055 数字万用表，如图 4-1-3 所示。

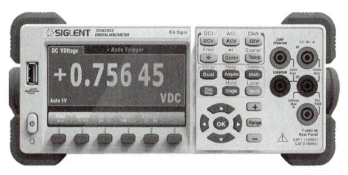

图 4-1-3　SDM3055 数字万用表

SDM3055 数字万用表是一款 $5\frac{1}{2}$ 位（5 位半）双显示数字万用表，其原理框图如图 4-1-4 所示。它是针对高精度、多功能、自动测量的用户需求而设计的产品，集基本测量功能、多种数学运算功能、电容测量、温度测量等功能于一身；拥有高清晰的 480×272 分辨率的 TFT 显示屏，易于操作的键盘布局和菜单软按键功能，使其更具灵活、易用的操作特点；支持 USB、LAN 和 GPIB 接口（SDM3055A），最大程度地满足了用户的需求。

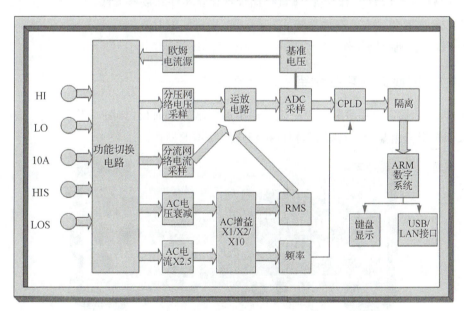

图 4-1-4　SDM3055 数字万用表原理框图

SDM3055 数字万用表的主要特色如下：

① 真正的 $5\frac{1}{2}$ 位读数分辨率。

② 三种测量速度：5 reading/s、50 reading/s 和 150 reading/s。

③ 双显示功能，可同时显示同一输入信号的两种特性。

④ 200 mV～1 000 V 直流电压量程。

⑤ 200 μA～10 A 直流电流量程。

⑥ True-RMS,200 mV～750 V 交流电压量程。

⑦ True-RMS,20 mA～10 A 交流电流量程。

⑧ 200 Ω～100 MΩ 电阻量程,2、4 线电阻测量。

⑨ 2 nF～10 000 μF 电容量程。

⑩ 20 Hz～1 MHz 频率测量范围。

⑪ 连通性和二极管测试。

⑫ 温度测试功能,内置热电偶冷端补偿。

⑬ 丰富的数学运算功能:最大值、最小值、平均值、标准偏差、通过/失败、dBm、dB、相对测量、直方图、趋势图、条形图。

⑭ U 盘存储数据和配置。

⑮ 支持 USB、GPIB 和 LAN 接口;支持 USB-TMC、IEEE 488.2 标准、VXI11 和 SCPI 语言。

⑯ 兼容最新主流万用表 SCPI 命令集。

⑰ 记录和保存历史测量结果。

⑱ 1 Gb Nand Flash 总容量,海量存储仪器设置文件和数据文件。

⑲ 中英文菜单和在线帮助系统。

⑳ PC 上位机控制软件。

4.1.1 前面板及功能介绍

SDM3055 数字万用表向用户提供了简单而明晰的前面板,如图 4-1-5 所示,这些控制按钮按照逻辑分组显示,只需选择相应按钮进行基本的操作。

A—LCD 显示屏;B—USB Host;C—电源键;D—菜单操作键;
E—基本测量功能键;F—辅助测量功能键;G—使能触发键;
H—方向键;I—信号输入端。

图 4-1-5 前面板示意图

用户界面上有主显示测量功能、读数显示、操作菜单、测量量程、触发方式及单位。可以选择单显或者双显模式,双显模式会在屏幕的右下方出现一个副显示区,方便在测试过程中同时观测多个数据,如图 4-1-6(a)、(b)所示。

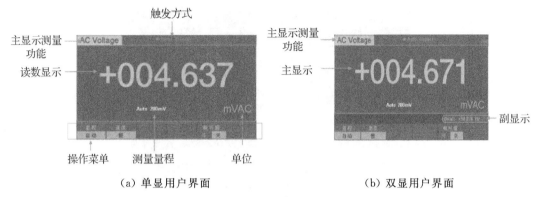

(a) 单显用户界面 (b) 双显用户界面

图 4-1-6　用户界面图

4.1.2　测试准备

1. 量程的选择

在使用万用表前,需要根据被测量选择合适的测量量程,量程的选择有自动和手动两种方式。万用表可以根据输入信号自动选择合适的量程,但是由于万用表无法确定每次测量应选用哪个量程,手动选择量程可以获得更高的读数精确度。量程选择键位于前面板右侧,如图4-1-7所示。

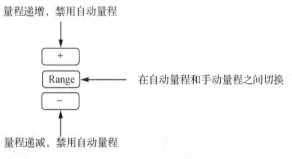

图 4-1-7　前面板量程选择键

一般可以通过两种方法来选择量程:

方法1:通过前面板的功能键选择量程。

自动量程:按"Range"键,可在自动量程和手动量程之间切换。手动量程:按"+"键,量程递增,按"−"键,量程递减。

方法2:在测量主界面,使用软键菜单选择量程,如图4-1-8所示。

自动量程:按"自动"键,选择自动量程,禁用手动量程。

手动量程:选择"200 mV""2 V""20 V""200 V""1 000 V",手动设置合适的量程,此时禁用自动量程。

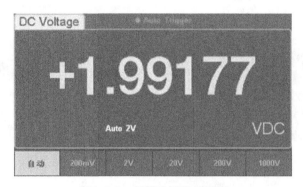

图 4-1-8 量程选择菜单界面

2. 使用时的注意事项

(1) 选择测量量程

当输入信号超出当前量程范围,万用表会提示过载信息"超出量程"。

手动选择,则需要切换为手动模式。一般在无法预知测量范围的情况下,选择自动量程,以保护仪器并获得较为准确的数据,但需要注意的是自动量程不适用于最大 12 A 的电流测量。

对于双显示功能,主显示屏和副显示屏的测量量程是相似的,且不能独立更改。测试连通性和检查二极管时,量程是固定的。

(2) 选择测量速率

SDM3055 数字万用表可设置三种测量速率:5 reading/s、50 reading/s 和 150 reading/s。5 reading/s 对应"慢"速率;50 reading/s 对应"中"速率;150 reading/s 对应"快"速率。

测量速率可通过软件菜单控制。先按"速度"键,再选择"慢""中"或"快"来选择测量速率,如图 4-1-9 所示。

图 4-1-9 选择测量速率界面

DCV、ACV、DCI、ACI 和 2W/4W Resistance 功能及"慢""中"和"快"三种测量速率可选。读数分辨率和测量速率设置联动:5 reading/s 时对应 5 $\frac{1}{2}$ 位读数分辨率;50 reading/s 和 150 reading/s 时对应 4 $\frac{1}{2}$ 位读数分辨率;Temp 固定为 5 $\frac{1}{2}$ 位读数分辨率,"慢"速率;二极管和连通性功能固定为 4 $\frac{1}{2}$ 位读数分辨率,"快"速率;Freq 功能固定为 5 $\frac{1}{2}$ 位读数分辨

率,"慢"速率;Cap 功能固定为 5 $\frac{1}{2}$ 位读数分辨率,"慢"速率。

4.1.3 基本测量功能

SDM3055 数字万用表的基本测量量包括：直流电压、电流,交流电压、电流,二线或四线电阻,电容,二极管,频率或周期,温度和连通性。

1. 测量直流/交流电压

SDM3055 数字万用表最大可测量 1 000 V 的直流电压,每次开机后总是自动选择直流电压测量功能。按前面板的"DCV"键,进入直流电压测量界面,如图 4-1-10 所示。按前面板的"ACV"键,进入交流电压测量界面,如图 4-1-11 所示。

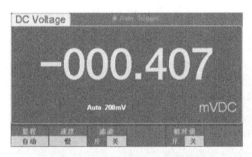
图 4-1-10 直流电压测量界面

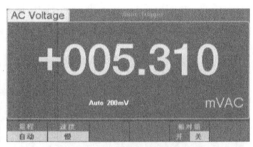
图 4-1-11 交流电压测量界面

连接测试引线和被测电路,红色测试引线接 Input-HI 端,黑色测试引线接 Input-LO 端,如图 4-1-12 所示。根据测量电路的电压范围,选择合适的电压量程,直流/交流电压的测量特性如表 4-1-1 所示。

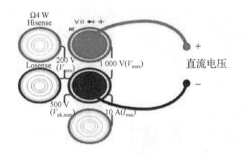

(a) 直流电压测量连接示意图

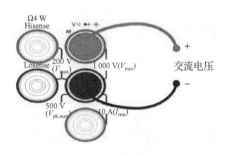

(b) 交流电压测量连接示意图

图 4-1-12 电压测量连接示意图

表 4-1-1 直流/交流电压的测量特性

项目	直流	交流
量程	200 mV、2 V、20 V、200 V、1 000 V	200 mV、2 V、20 V、200 V、750 V
输入保护	所有量程上的 1 000 V	所有量程上的 750 V(HI 端)
可配置参数	量程、直流输入阻抗、相对运算设定值	量程、相对运算设定值

设置直流输入阻抗(仅限量程为 200 mV 和 2 V):直流输入阻抗的默认值为 10 MΩ,如

果需要修改,按"输入阻抗"键,设置直流输入阻抗值即可。按"滤波"键打开或关闭交流滤波器可完成交流滤波功能(仅有直流电压和直流电流可设置此功能)。如果需要测量相对值,则需按"相对值"键打开或关闭相对运算功能,相对运算打开时,显示的读数为实际测量值减去所设定的相对值;如果不需要测量相对值,可直接进行下一步。读取测量结果时,可以按"速度"键选择测量(读数)速率。

查看所测量的历史数据:可通过"数字""条形图""趋势图""直方图"四种方式对所测量的历史数据进行查看。

2. 测量直流电流

测量前须注意这款万用表可以测量的最大直流电流和交流电流都为10A。按前面板的"Shift"键,再按"DCV"键,进入直流电流测量界面,如图4-1-13(a)所示;按前面板的"Shift"键,再按"ACV"键,进入交流电流测量界面,如图4-1-13(b)所示。

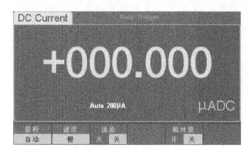

(a) 直流电流测量界面　　　　　　　(b) 交流电流测量界面

图 4-1-13　电流测量界面

连接测试引线和被测电路时须注意选择电流测试端子,红色测试引线接Input-HI端,黑色测试引线接Input-LO端,如图4-1-14所示。

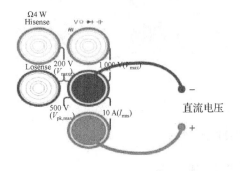 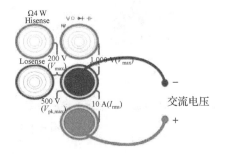

(a) 直流电流测量连接示意图　　　　　　　(b) 交流电流测量连接示意图

图 4-1-14　电流测量连接示意图

根据测量电路的电流范围,选择合适的电流量程即可进行测量。直流/交流电流测量特性如表4-1-2所示。

表 4-1-2 直流/交流电流测量特性

项目	直流	交流
量程	200 μA、2 mA、20 mA、200 mA、2 A、10 A	20 mA、200 mA、2 A、10 A
输入保护	后面板 10 A、机内 12 A	后面板 10 A、250 V 保险丝、机内 12 A
可配置参数	量程、相对运算设定值	量程、相对运算设定值

3. 测量电阻

万用表提供二线、四线两种电阻测量模式。电阻测量的基本方法是通过 DMM 内部产生一个精密电流源，流经被测电阻产生压降，通过测量电压计算电阻值。无论二线（2 W）还是四线（4 W）电阻测量，都是电流源从 HI 表笔流出，流经被测电阻后从 LO 表笔回流。2 W 电阻测量的是 HI 和 LO 之间的电压 V_1，而 4 W 电阻测量的是 HI Sense 和 LO Sense 之间的电压 V_2。电阻测量原理图如图 4-1-15 所示，由于 V_2 测量路径无电流流过，表笔接触电阻不产生影响，所以理论上 4 W 电阻测量更为准确。

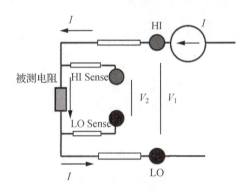

图 4-1-15　电阻测量原理图

对于二线电阻的测量，先按前面板的"Ω2W"键，进入二线电阻测量界面，如图 4-1-16 所示。再连接测试引线和被测电阻，红色测试引线接 Input-HI 端，黑色测试引线接 Input-LO 端，如图 4-1-17 所示。

图 4-1-16　二线电阻测量界面

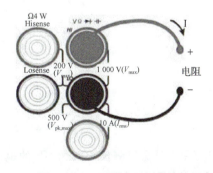

图 4-1-17　二线电阻测量连接示意图

根据测量电阻的阻值范围，选择合适的电阻量程，其中可选的测量量程有 200 Ω、2 kΩ、20 kΩ、200 kΩ、2 MΩ、10 MΩ、100 MΩ。注意，如果测量电阻的阻值较小，建议使用相对值运算,可以消除测试导线阻抗误差。

四线电阻的测量一般用于探针、测试点的接触电阻和测试引线的电阻与被测电阻相比已不能忽略不计的情况,例如,被测电阻阻值小于 100 kΩ,此时若仍采用二线法测量必将导致测量误差增大,因此可以选择使用四线法进行测量。

测量时,先选中前面板的"Shift"按键,再按"Ω2W"键切换到四线电阻模式,进入四线电阻测量界面,如图 4-1-18 所示。连接测试引线,红色测试引线接 Input-HI 和 HI Sense 端,黑色测试引线接 Input-LO 和 LO Sense 端,如图 4-1-19 所示。

图 4-1-18 四线电阻测量界面

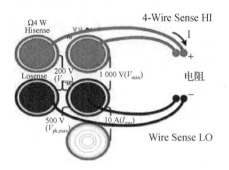
图 4-1-19 四线电阻测量连接示意图

根据被测电阻的阻值范围,选择合适的电阻量程。在测量电阻时,电阻两端不能放置在导电桌面或用手拿着进行测量,否则会导致测量结果不准确,而且电阻越大,影响越大。

4. 测量电容

电容测量的基本方法是通过数字万用表内部精密电流源,对被测电容进行充放电,通过测量充放电电压波形计算电容量。不同量程的电容利用不同的精密电流,采用对应算法保证小电容和大电容测量的准确性。电容测量原理图如图 4-1-20 所示。

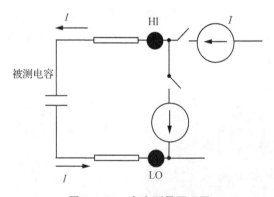
图 4-1-20 电容测量原理图

该万用表最大可测量 10 000 μF 的电容,测量时,首先按前面板的"⊣⊢"键,进入电容测量界面,如图 4-1-21 所示。将测试引线接于被测电容两端,红色测试引线接 Input-HI 端和电容的正极,黑色测试引线接 Input-LO 端和电容的负极,如图 4-1-22 所示。

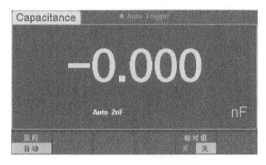
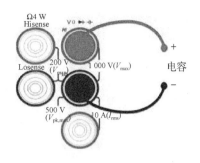

图 4-1-21　电容测量界面　　　　图 4-1-22　电容测量连接示意图

根据被测电容的容值范围,选择合适的电容量程。电容测量时可选的量程有:2 nF、20 nF、200 nF、2 μF、20 μF、200 μF、10 000 μF,对于电解电容的测量需要注意,用万用表测量电解电容前,每次都要用测试引线将电解电容的两个脚短接一下进行放电,然后才可以测量。

5. 测量频率和周期

在测量该信号的电压或电流时,可以通过打开双显示功能测量,得到被测信号的频率或周期。先按前面板的"Shift"键,再按"+"键,选中频率就会进入频率测量界面,选中周期就会进入周期测量界面,也可以直接使用频率或周期测量功能键进行测量。测量界面及电路连接示意图如图 4-1-23 所示。

  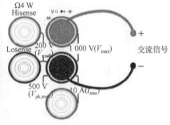

(a) 频率测量界面　　　　(b) 周期测量界面　　　　(c) 测量电路连接示意图

图 4-1-23　测量界面及电路连接示意图

6. 测试电路通断

通断测试以大约 0.5 mA 的电流用双线方法测量电路的电阻,并判断电路是否完整。当短路测试电路中测量的电阻值低于设定的短路电阻时,仪器判断电路是连通的,蜂鸣器发出连续的蜂鸣声(声音已打开)。如果蜂鸣器不发出声音,则可认为电路是断开的。测试时,按下前面板的"Conte"键,将会进入连通性测试界面,后将万用表的表笔分别接待测电路,红色测试引线接 Input-HI 端,黑色测试引线接 Input-LO 端,即可判断出电路的通断。测试界面及接线图如图 4-1-24 所示。

 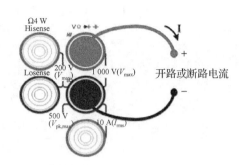

图 4-1-24　测试界面及接线图

7. 测量其他参数

这款数字万用表除了可以测量以上参数之外，还可以测量二极管的相关参数及温度、交流阻抗、短路电阻等。

该万用表还具备辅助系统功能，可以对万用表的相关功能参数进行设置，例如：选择存储恢复功能，可对文件进行存储和恢复设置；选择管理文件，可对文件进行创建、复制、重命名、删除等管理；选择 I/O 配置，可用来设置仪器接口参数；选择测试管理，具备自检和固件更新功能；选择系统设置，可设置系统配置信息等。

该万用表还具备数学运算功能、统计运算功能及限值运算功能。数学运算主要包括 5 种功能：统计、限值、dBm、dB 和相对运算。选择不同的数学运算功能，以满足不同条件的测量要求。数学运算功能适用于电压、电流、电阻、电容、频率/周期和温度测量，其中 dB 和 dBm 运算仅适用于电压测量。统计运算用于统计测量期间读数的最小值、最大值、平均值和方差等。万用表允许对以下测量功能进行统计运算：直流电压、交流电压、直流电流、交流电流、电阻、频率、电容和温度。对于限值运算功能，可根据设定的上下限参数，对超出范围的信号进行提示。一般是对以下测量功能进行限值运算：直流电压、交流电压、直流电流、交流电流、电阻、频率、电容和温度。

该万用表支持用户通过"数字""条形图""趋势图""直方图"四种方式，对所测量的数据进行查看。

4.2　信号发生器

信号发生器也是电子技术实验中不可缺少的一个仪器设备，它是一种信号发生装置，能产生某些特定的周期性时间函数波形信号（正弦波、方波、三角波、锯齿波和脉冲波等），频率范围可从几毫赫到几十兆赫。除供通信、仪表和自动控制系统测试用外，还广泛用于其他非电测量领域。本节将介绍一款实验室常用的信号发生器（SDG1000 系列）。

4.2.1 前面板介绍

SDG1000 系列函数/任意波形发生器的前面板明晰、简洁,界面布局比较人性化。如图 4-2-1 所示,前面板上包括 LCD 显示屏、通道选择键、波形选择键、数字键、旋钮、方向键、模式/辅助功能键等。

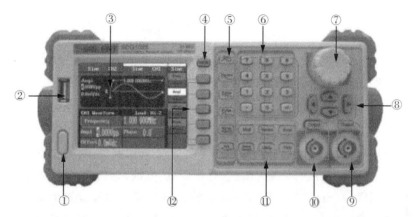

① 电源键;② USB Host;③ LCD 显示屏;④ 通道选择键;⑤ 波形选择键;⑥ 数字键;
⑦ 旋钮;⑧ 方向键;⑨ CH1 控制/输出端;⑩ CH2 控制/输出端;⑪ 模式/辅助功能键;
⑫ 菜单软键。

图 4-2-1 SDG1000 前面板

LCD 显示部分也称为用户界面,主要包括通道显示区、操作菜单区、波形显示区和参数显示区。如图 4-2-2 所示,通过通道显示区可查看当前是从哪个通道输出的波形;通过操作菜单区可以选择需要更改的参数(如频率/周期、幅值/高电平、偏移/低电平、相位等)来输出所需要的波形;通过波形显示区可看到当前输出波形的预览图;通过参数显示区可查看对应通道的波形参数。可在操作菜单显示区中通过数字键、旋钮、方向键和对应的功能键来修改相应的参数值,如图 4-2-3 所示。

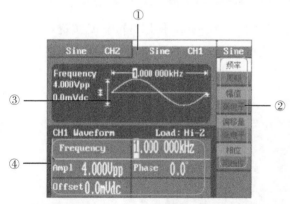

① 通道显示区;② 操作菜单区;③ 波形显示区;
④ 参数显示区。

图 4-2-2 SDG1000 用户界面

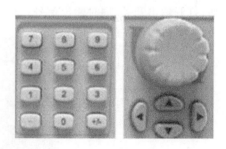

图 4-2-3 数字键、旋钮和方向键

数字键,用于参数值的设置,直接输入数值可改变参数值;旋钮,用于改变波形参数中某一数值的大小,旋钮的输入范围是 0~9,旋钮顺时针旋转一格,数值增加 1;方向键,用于选择波形参数项、参数数值位及删除数字。

前面板中还设置了调制/扫频/脉冲串功能按键(图 4-2-4)和存储/辅助系统/帮助设置功能按键(图 4-2-5)。

图 4-2-4 调制/扫频/脉冲串设置功能按键

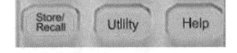
图 4-2-5 存储/辅助系统/帮助设置功能按键

使用"Mod"按键,可输出经过调制的波形,使用该按键并通过功能按键设置参数。通过改变调制类型(内调制/外调制)、频率、波形和其他参数,来改变输出波形。SDG1000 系列可使用 AM、DSB-AM、FM、PM、FSK、ASK 和 PWM 调制类型,可调制正弦波、方波、锯齿波/三角波和任意波。使用"Sweep"按键,对正弦波、方波、锯齿波/三角波和任意波形产生扫描,在扫描模式中,SDG1000 系列在指定的扫描时间内扫描设置的频率范围。使用"Burst"按键,可以产生正弦波、方波、锯齿波/三角波、脉冲波和任意波的脉冲串输出。调制/扫频/脉冲串设置界面,如图 4-2-6 所示。

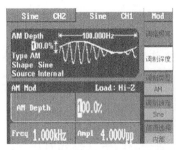
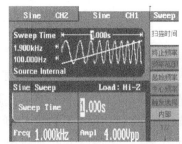
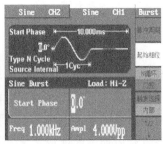

(a) 调制界面　　　　　　(b) 扫频界面　　　　　　(c) 脉冲串界面

图 4-2-6 调制/扫频/脉冲串设置界面

前面板的右下角有两个输出控制按键,如图 4-2-7 所示。使用"Output"按键,将开启/关闭前面板的输出接口的信号输出,选择相应的通道,按下"Output"按键,该按键就被点亮,打开输出开关,同时输出信号,再次按"Output"按键,将关闭输出。

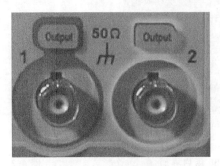

图 4-2-7 输出控制按键

4.2.2 常用输出波形的设置

SDG1000 系列波形选择包括六种波形按键,显示在操作界面的最左侧一列,如图 4-2-8 所示,从上到下分别为正弦波、方波、锯齿波/三角波、脉冲串、白噪声和任意波。

1. 正弦波

使用"Sine"按键,波形图标变为正弦波,并在状态区左侧出现 Sine 字样,同时会有相应的参数显示窗口。波形显示中右侧的参数与其右侧的功能按键一一对应,如

图 4-2-8 常用的六种波形按键

图 4-2-9 所示。SDG1000 系列可输出 1 μHz 到 50 MHz 的正弦波形。通过设置频率/周期、幅值/高电平、偏移量/低电平、相位/同相位,可以得到不同参数的正弦波。正弦波波形操作菜单说明如表 4-2-1 所示。

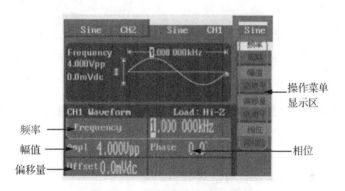

图 4-2-9 正弦波默认设置界面

表 4-2-1 正弦波波形操作菜单说明

功能	设定说明
频率/周期	设置波形频率/周期,按下相应的功能键可上下切换
幅值/高电平	设置波形幅值/高电平,按下相应的功能键可上下切换
偏移量/低电平	设置波形偏移量/低电平,按下相应的功能键可上下切换
相位/同相位	设置波形的相位;设置与另一通道信号的相位相同

(1) 设置信号的频率/周期

选择频率参数,可以设置频率值。当频率参数被选中时("频率"高亮显示),在选定所要修改的参数时,可通过数字键直接输入参数值,屏幕下方会显示输入的数值,同时屏幕右方会显示频率的单位,然后通过功能键选择相应的参数单位即可,如图 4-2-10 所示;也可以使用方向键来改变参数值所需更改的数据位,通过旋转旋钮可改变该位数的数值。若需要设置信号的周期,则可以在 Sine 波形的设置界面轻按频率/周期右侧的软键,使"周期"高亮显示,然后就可以通过直接输入或调节旋钮来改变周期。

(2) 设置幅值/高电平

选择幅值参数，可以设置幅值。当幅值参数被选中时（"幅值"高亮显示），屏幕中显示的幅值为本机的默认值或预先选定的幅值。在更改参数时，可通过数字键直接输入参数值，然后通过功能键选择相应的参数单位即可，如图 4-2-11 所示；也可以使用方向键来改变参数值所需更改的数据位，再通过旋转旋钮可改变该位数的数值。

高电平的设置只需选择高电平参数（"高电平"高亮显示），屏幕中显示的高电平为本机默认值，或预先设定的值，更改参数的方法同上。

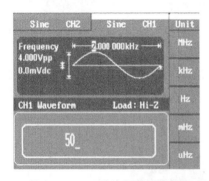 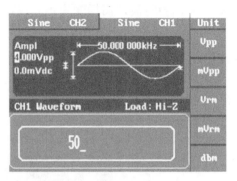

图 4-2-10　正弦波频率设置界面　　　　图 4-2-11　正弦波幅值设置界面

(3) 设置偏移量/低电平

选择偏移量参数，可设置偏移量参数值。屏幕中显示的偏移量为本机的默认值，或者是预先选定的偏移值。在更改参数时，可以先通过数字键直接输入参数值，然后通过功能键选择相应的参数单位，如图 4-2-12 所示，也可以先使用方向键来改变参数值所需更改的数据位，再通过旋转旋钮改变该位数的数值。

(4) 设置相位/同相位

选择相位参数，可设置相位参数值，可以先通过数字键直接输入参数值，然后通过功能键选择相应的参数单位，如图 4-2-13 所示；也可以先使用方向键来改变参数值所需更改的数据位，再通过旋转旋钮改变该位数的数值。

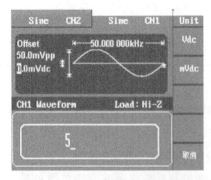 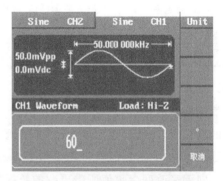

图 4-2-12　正弦波偏移量设置界面　　　　图 4-2-13　正弦波相位设置界面

2. 方波

如果需要使用方波,则按下"Square"键,波形图标变为方波,此时在状态区左侧会出现 Square 字样。SDG1000 系列可输出 1 μHz 到 25 MHz 并具有可变占空比的方波波形。在参数显示区会比正弦波多一个占空比的显示和设置,如图 4-2-14 所示。方波波形操作菜单说明如表 4-2-2 所示。

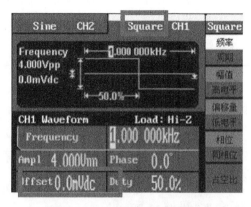

图 4-2-14 方波默认设置界面

表 4-2-2 方波波形操作菜单说明

功能菜单	设定说明
频率/周期	设置波形频率/周期,按下相应的功能键可上下切换
幅值/高电平	设置波形幅值/高电平,按下相应的功能键可上下切换
偏移量/低电平	设置波形偏移量/低电平,按下相应的功能键可上下切换
相位/同相位	设置波形的相位;设置与另一通道信号的相位相同
占空比	设置方波的占空比

对于相关参数的修改,依然可以先通过数字键直接输入参数值,然后通过功能键选择相应的参数单位;也可以先使用方向键来改变参数值所需更改的数据位,再通过旋转旋钮改变该位数的数值。

3. 锯齿波/三角波

如果需要使用锯齿波/三角波,则按下"Ramp"键,即可设置输出 1 μHz 到 300 kHz 的锯齿波/三角波形。此时在参数选择区会有对称性的显示和设置,可根据需要选择不同对称性的波形(表 4-2-3),对称性的设定范围为 0%~100%。对于参数的设置方法,与正弦波的设置方法类似,这里不再赘述。

表 4-2-3　Ramp 波形操作菜单说明

功能菜单	设定说明
频率/周期	设置波形频率/周期,按下相应的功能键可上下切换
幅值/高电平	设置波形幅值/高电平,按下相应的功能键可上下切换
偏移量/低电平	设置波形偏移量/低电平,按下相应的功能键可上下切换
相位/同相位	设置波形的相位;设置与另一通道信号的相位相同
对称性	设置锯齿波/三角波的占空比

4. 其他波形

按下"Pulse"键,波形图标变为脉冲波信号,通过显示区相关参数的设置,可输出 500 μHz 到 10 MHz 的脉冲波形。按下"Noise"键,可输出带宽为 50 MHz 的噪声。按下"Arb"按键,可输出 1 μHz 到 5 MHz、长度为 16 kpts 的任意波形,设置频率/周期、幅值/高电平、偏移量/低电平、相位/同相位,可以得到不同参数的任意波。

4.2.3　输出调制/扫频/脉冲串设置

SDG1000 系列函数/任意波形发生器提供了丰富的调制功能,包括 AM、DSB-AM、FM、PM、FSK、ASK 和 PWM,根据不同的调制类型,需要设置不同的调制参数。幅度调制时,可对调幅频率、调制深度、调制波形和信源类型进行设置;频率调制时,可对调频频率、频率偏移、调制波形和信源类型进行设置;相位调制时,可对调相频率、相位偏差、调制波形和信源类型进行设置;频移键控调制时,可对键控频率、跳频和信源类型进行设置;幅度键控调制时,可对键控频率、载波频率和信源类型进行设置;脉宽调制时,可对调制频率、脉宽/占空比偏差、调制波形和信源类型进行设置。本书以幅度调制(AM)为例,介绍使用方法。

在幅度调制中,依据幅度调制原理,已调制波形由载波和调制波组成,载波的幅度随调制波的幅度变化。选择"Mod"键→调制类型→AM,幅度调制的参数设置说明如表 4-2-4 所示。

表 4-2-4　幅度调制的参数设置说明

功能菜单	设定	说明
调幅频率	—	设定调制波形的频率,频率范围为 2 MHz~20 kHz(只用于内部信源)
调制深度	—	设置幅度变化的范围
调制类型	AM	幅度调制
调制波形	Sine/Square/Triangle/UpRamp/DnRamp/Arb	选择调制波形的形状,若需更改波形,可按下对应的功能键选择所需要的调制波形
信源选择	内部	调制波选择为内部信号
	外部	调制信号选择为外部输入信号,通过后面板接口"Modulation In"输入

调制深度也称自分比调制,可设置幅度变化的范围。调制深度为0%～120%,在0%调制时,输出幅度是设定幅值的一半,随着调制深度百分比数值的增加,输出幅度在增加;在100%调制时,输出幅度等于设定幅值。对于选择外部信号源,幅值的调制深度由"Modulation In"连接器上的信号电平控制。

4.2.4 存储和读取设置

使用"Store/Recall"按键,可进入存储和读取操作界面,如图4-2-15所示。可以通过该菜单对SDG1000系列函数/任意波形发生器内部的状态文件和数据文件进行保存和读取,并支持U盘存储,包括新建和删除操作。存储和读取操作菜单说明见表4-2-5。

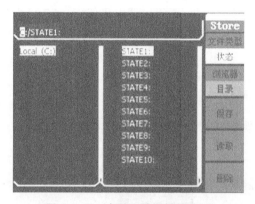

图 4-2-15 存储和读取操作界面

表 4-2-5 存储和读取操作菜单说明

功能菜单	设定	说明
文件类型	所有文件	所有类型文件
	状态	状态文件
	波形数据	波形数据文件
浏览器	目录	切换文件系统显示的目录、文件和路径
	文件	
	路径	
保存	—	保存状态和数据文件到指定位置
读取	—	读取存储区指定位置的状态和测量数据文件
删除	—	删除指定位置的状态和测量数据文件

4.3 直流电源

直流电源是给后端负载提供稳定电压或稳定电流的一种设备。直流电源的作用是为组件、模块或设备提供稳压直流输出。在电子技术实验中,直流电源也是测试时不可或缺的一种设备。

市场上直流电源的种类有很多,下面介绍实验室常用的一款 SPD3303 可编程线性直流电源。该电源提供三组独立输出:两组可调电压值(0~30 V 电压任意可调,既可单独使用,也可串联或并联使用,同时输出具有短路保护或过载保护功能)和一组固定可选择电压值(2.5 V、3.3 V、5 V)。

4.3.1 前面板介绍

SPD3303 可编程线性直流电源的前面板如图 4-3-1 所示。

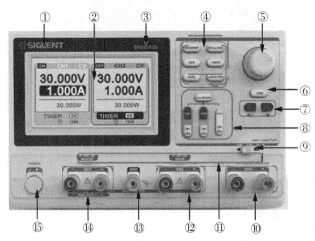

① 品牌 LOGO;② 显示界面;③ 产品型号;④ 系统参数配置按键;⑤ 多功能旋钮;⑥ 细调功能按键;⑦ 左右方向按键;⑧ 通道控制按键;⑨ CH3 挡位拨码开关;⑩ CH3 输出端;⑪ CV/CC 指示灯;⑫ CH2 输出端;⑬ 公共接地端;⑭ CH1 输出端;⑮ 电源开关。

图 4-3-1　SPD3303 可编程线性直流电源的前面板

系统参数配置部分,可打开或关闭波形显示(WAVEDISP);设置通道 1/通道 2(CH1/CH2)串联/并联模式(SER/PARA),界面同时显示串联/并联标识"▭"/"▭";还可进行存储(LOCK/VER)、定时(TIMER)和锁定(RECALL/SAVE)。通道控制部分,可以单通道输出、多通道输出,当实验需要串联或并联输出时,则开启多通道输出功能。

在显示界面上,有几个重要标识,如图 4-3-2 所示。

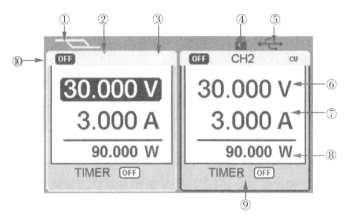

①串并联标识;②通道标识;③工作模式标识;④按键锁标识;⑤USB连接标识;⑥电压设定/回读值;⑦电流设定/回读值;⑧功率设定/回读值;⑨定时器标识;⑩—通道开/关标识。

图 4-3-2　前面板界面显示

4.3.2　输出模式

SPD3000 系列可编程线性直流电源,有三组独立输出:两组可调电压值和一组固定可选择电压值(2.5 V、3.3 V 和 5 V)。

1. 独立/并联/串联

SPD3000 系列可编程线性直流电源具有三种输出模式,即独立、并联和串联,由前面板的跟踪开关来选择相应模式。在独立模式下,输出电压和电流各自单独控制;在并联模式下,电源会通过内部继电器将通道1和通道2并联,输出电流是单通道的2倍,一般用于电路所需电流大于单路所能提供的最大电流时;在串联模式下,电源会通过内部继电器将通道1和通道2串联,输出电压是单通道的2倍,一般用于电路需要使用正负电源或者所需电压大于单路输出电压时。

2. 恒流/恒压

恒流模式下,输出电流为设定值,并通过前面板控制。前面板指示灯亮红色(CC),电流维持在设定值,此时电压值低于设定值,当输出电流低于设定值时,则切换到恒压模式(在并联模式时,辅助通道固定为恒流模式,与电流设定值无关)。

恒压模式下,输出电流小于设定值,输出电压通过前面板控制。前面板指示灯亮绿灯(CV),电压值保持在设定值,当输出电流值达到设定值,则切换到恒流模式。

在大部分应用中,该电源都是作为电压源来使用的,因此在使用时要注意设定的过流保护电流必须大于待测电路的实际电流。

3. CH1/CH2 独立输出

CH1 和 CH2 作为独立输出时,两个通道间是隔离的。各自通道的黑色接线柱为输出负极,红色接线柱为输出正极。图 4-3-3 展示了 CH1 和 CH2 独立输出连接方式。

图 4-3-3　CH1/CH2 独立输出连接方式

CH1/CH2 独立输出的操作步骤如下：

① 确定并联和串联键关闭（按键灯不亮，界面没有串并联标识）。

② 连接负载到前面板端子，CH1 +/−，CH2 +/−。

③ 设置 CH1/CH2 输出电压和电流：首先，通过移动光标选择需要修改的参数（电压、电流）；其次，旋转多功能旋钮改变相应参数值（按下"FINE"键，可以进行细调）。

④ 打开输出，按下输出键"OUTPUT"，相应通道指示灯被点亮，输出显示 CC 或 CV 模式。若为绿色，则为恒压输出模式；若为红色，则为恒流输出模式。

【注意】　输出前要确定设置显示屏中参数调节的是 CH1 还是 CH2，输出的通道与显示屏上设置的要一一对应。当输出未打开时，显示屏上显示的是设定电压和电流值；当输出打开时，显示的是实际的输出电压和电流值。图 4-3-4 中 CH1 未打开，显示的是设定值；CH2 已经打开，显示的是实际电压和电流值。

图 4-3-4　显示界面

4. CH3 独立模式

CH3 额定值为 2.5 V、3.3 V、5 V，3 A，独立于 CH1/CH2。电压通过调节 CH3 拨码开关来切换，选择所需挡位：2.5 V、3.3 V、5 V。该通道没有实际电压和电流显示，通道的最大输出电流为 3A。当电流超过 3A 时，通道上方的指示灯变为红色，该通道从恒压模式转为恒流模式。

5. CH1/CH2 串联模式

串联模式下，输出电压为单通道的两倍，CH1 与 CH2 在内部连接成一个通道，CH1 为控制通道，如图 4-3-5 所示。

图 4-3-5　CH1/CH2 串联连接方式

具体操作步骤如下：

① 按下"SER"键启动串联模式，按键灯点亮。

② 连接负载到前面板端子：CH2＋与 CH1－。

③ 按下"CH1"键，并设置 CH1 设定电流为额定值 3.0A。默认状态下，电源工作在粗调模式，若要启动细调模式，按下"FINE"键即可。

④ 按下 CH1 开关（灯点亮），使用多功能旋钮来设置输出电压和电流值，可以识别输出状态 CV/CC（CV 为绿灯，CC 为红灯）。

⑤ 按下输出键，打开输出。如果需要接正负电源，可以将 CH1 的正极或 CH2 的负极连接至电路的参考地，CH1 的负极即为负电源输出，CH2 的正极即为正电源输出。

6. CH1/CH2 并联模式

并联模式下，输出电流为单通道的两倍，内部进行了并联连接，CH1 为控制通道。并联连接方式如图 4-3-6 所示。

图 4-3-6　CH1/CH2 并联连接方式

具体操作步骤如下：

① 按下"PARA"键启动并联模式，按键灯点亮。

② 连接负载到 CH1＋/－端子。

③ 打开输出，按下输出键，按键灯点亮。按下 CH1 开关，通过多功能旋钮来设置设定电压和电流值。默认状态下，电源工作在粗调模式，若要启动细调模式，按下"FINE"键即可。

【注意】　通过 CH1 指示灯，可以识别当前输出状态 CC/CV（CV 为绿灯，CC 为红灯），并联模式下，CH1 只工作在 CC 模式。

7. 其他模式

除以上几种常用的使用模式之外,这款直流电源还具有存储、定时及波形显示的功能。定时器工作在独立模式,可以保存五组定时设置,每组设置之间相互独立,可以根据需要,设定参数范围内的任意电压和电流值。定时器支持连续输出,且每组最长定时时间为10 000 s。波形显示功能是用曲线绘图的形式,实时显示通道的输出电压与电流情况。

具体操作方法如下:

① 选择通道"CH1/CH2",设置通道输出参数。

② 按"WAVEDISP"键开启通道波形显示,同时,按键灯被点亮,并进入波形显示界面。

③ 按"ON/OFF"键,打开通道输出,并点亮指示灯,此时可以观察通道输出参数(电压/电流)的实时变化。波形显示界面如图 4-3-7 所示。

【注意】 黄色线表示电压输出曲线,绿色线表示电流输出曲线,曲线纵轴表示输出值(0~30 V/0~3 A),横轴表示时间。

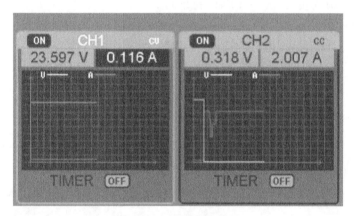

图 4-3-7 波形显示界面

4.4 示波器

示波器是一种用途十分广泛的电子测量仪器,它能把无法直接观察的电信号变换成看得见的图像,便于人们研究各种电现象的变化过程。除观测电流的波形外,还可以测定频率、电压强度等,凡可以变为电效应的周期性物理过程都可以用示波器进行观测。

按照信号的不同,示波器可分为模拟示波器和数字示波器。本节以 SDS1202X 数字示波器为例,介绍示波器的使用方法。

4.4.1 前面板介绍

SDS1202X 数字示波器的前面板如图 4-4-1 所示。

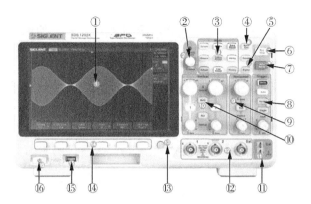

① 屏幕显示区;② 功能旋钮;③ 自动设置常用功能区;④ 内置信号源;⑤ 解码功能选件;⑥ 停止/运行;⑦ 自动设置;⑧ 触发控制系统;⑨ 水平控制系统;⑩ 垂直通道控制区;⑪ 补偿信号输出端/接地端;⑫ 模拟通道输入端;⑬ 打印键;⑭ 菜单软键;⑮ USB Host 端口;⑯ 电源软开关。

图 4-4-1　SDS1202X 数字示波器的前面板

1. 多功能旋钮(图 4-4-2)

菜单操作时,按下某个菜单软件后,若旋钮上方指示灯被点亮,此时转动该旋钮可选择该菜单下的子菜单,按下该旋钮可选中当前选择的子菜单,指示灯也会熄灭。另外,该旋钮还可用于修改 MATH、REF 波形挡位和位移、参数值、输入文件名等。

2. 功能菜单(图 4-4-3)

Cursors:按下该键直接开启光标功能。示波器提供手动和追踪两种光标模式,另外还有电压和时间两种光标测量类型。

Display/Persist:按下该键快速开启余辉功能,可设置波形显示类型、色温、余辉、清除显示、网格类型、波形亮度、网格亮度、透明度等。选择波形亮度/网格亮度/透明度(透明度指屏幕弹出信息框的透明程度)后,通过多功能旋钮调节相应亮度。

Utility:按下该键进入系统辅助功能设置菜单,可设置系统相关功能和参数,如接口、声音、语言等。此外,还支持一些高级功能,如 Pass/Fail 测试、自校正和升级固件等。

Measure:按下该键快速进入测量系统,可设置测量参数、统计功能、Gate(通道)测量等。测量可选择并同时显示最多任意五种测量参数,统计功能则统计当前显示的所有选择参数的当前值、平均值、最小值、最大值、标准差和统计次数。

Acquire:按下该键进入采样设置菜单,可设置示波器的获取方式(普通/峰值检测/平均值/增强分辨率)、内插方式、分段采集和存储深度(14 kbit/140 kbit/1.4 Mbit/14 Mbit)。

Save/Recall:按下该键进入文件存储/调用界面,可存储/调出的文件类型包括设置文件、二进制数据、参考波形文件、图像文件、CSV 文件和 Matlab 文件。

Default：按下该键快速恢复至默认状态。系统默认设置下的电压挡位为 1 V/div，时基挡位为 1 ps/div。

Clear Sweeps：按下该键进入快速清除余辉或测量统计，然后重新采集或计数。

History：按下该键快速进入历史波形菜单。历史波形模式最大可录制 80 000 帧波形。当分段存储模式开启时，只录制和回放设置的帧数，最大可录制 1 024 帧。

图 4-4-2　多功能旋钮

图 4-4-3　功能菜单

3. 运行控制（图 4-4-4）

示波器右上角有两个运行控制键，有自动调整参数和暂停波形更新的功能。

Auto Setup：按下该键开启波形自动显示功能。示波器将根据输入信号自动调整垂直挡位、水平时基及触发方式，使波形以最佳方式显示。

Run Stop：按下该键可将示波器的运行状态设置为"运行"或"停止"。"运行"状态下，该键黄灯被点亮；"停止"状态下，该键红灯被点亮。

4. 触发控制（图 4-4-5）

Setup：按下该键打开触发功能菜单。本示波器提供边沿、斜率、脉宽、视频、窗口、间隔、超时、欠幅、码型和串行总线（IIC/SPI/UART/RS232）等丰富的触发类型。

如图 4-4-5 所示，依次按下"AUTO""Normal""Single"键，会将触发模式分别切换到 AUTO（自动）模式、Normal（正常）模式、Single（单次）模式。

AUTO（自动）模式下，如果指定时间内未找到满足触发条件的波形，示波器将强制采集一帧波形数据，在示波器上稳定显示。该触发方式适用于测量直流信号或具有未知电平变化的信号。

Normal（正常）模式下，只有在满足指定的触发条件后才会进行触发并刷新波形，否则示波器屏幕上将维持前一次触发波形不变。该触发方式适用于较长时间才满足一次触发条件的情形。

Single（单次）模式下，当输入的信号满足触发条件时，示波器即进行捕获并将波形稳定显示在屏幕上。此后,即使有满足条件的信号,示波器也不会再次捕获并显示。需要再次测量时,须再次按下"Single"键。该方式适用于测量偶然出现的单次事件或非周期性信号,也可用于抓取毛刺等异常信号。

如图 4-4-5 所示,最下方为触发电平"Level"旋钮,顺时针转动旋钮增大触发电平,逆时针转动旋钮减小触发电平。修改过程中,触发电平线上下移动,同时屏幕右上方的触发电平值相应变化。按下该按钮可快速将触发电平恢复至对应通道波形中心位置。

图 4-4-4　运行控制

图 4-4-5　触发控制

5. 水平控制(图 4-4-6)

水平控制系统中包括三个旋钮(按键),按下中间的"Roll"键,进入滚动模式,滚动模式的时基范围为 50 ms/div~50 s/div。

最下方的旋钮修改触发位移。旋转旋钮时触发点相对于屏幕中心左右移动。修改过程中,所有通道的波形同时左右移动,屏幕上方的触发位移信息也会相应变化。按下该按钮可将触发位移恢复为 0。

最上方的旋钮修改水平时基挡位。顺时针旋转减小时基,逆时针旋转增大时基。修改过程中,所有通道的波形被扩展或压缩,同时屏幕上方的时基信息相应变化。按下该按钮快速开启 Zoom 功能。

6. 垂直控制(图 4-4-7)

中间的数字按键"1""2"表示模拟输入通道,通道标签用不同颜色标识,且屏幕中波形颜色和输入通道连接器的颜色相对应。按下通道按键可打开相应通道及其菜单,连续按下两次则关闭该通道。

最上方两个旋钮表示垂直电压挡位,旋转旋钮可修改当前通道的垂直挡位。顺时针转动减小挡位,逆时针转动增大挡位。修改过程中波形幅度会增大或减小,同时屏幕右方的挡位信息会相应变化。按下该按钮可快速切换垂直挡位调节方式为"粗调"或"细调"。

最下方的两个旋钮表示垂直位移,旋转旋钮可修改对应通道波形的垂直位移。修改过程中波形会上下移动,同时屏幕中下方弹出的位移信息会相应变化。按下该按钮可将垂直位移恢复为 0。

Math :按下该键打开波形运算菜单,可进行加、减、乘、除、快速傅里叶变换、积分、微分、平方根等运算。

Ref :按下该键打开波形参考功能,可将实测波形与参考波形相比较,以判断电路故障。

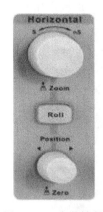

图 4-4-6　水平控制

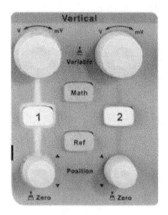

图 4-4-7　垂直控制

4.4.2　使用前的准备

示波器使用时一般是有配套探头的,在使用前需要检查确认示波器及探头的好坏。

1. 开机检查

当示波器处于通电状态时,按下前面板屏幕左下方的电源键即可启动示波器。开机过程中示波器显示开机界面执行一系列自检,可以听到继电器切换的声音,自检结束后出现用户界面。

2. 探头连接

先将探头的 BNC 端连接到前面板的通道 BNC 连接器,再将探针连接至待测电路测试点中,并将探头接地鳄鱼夹连接至示波器接地端。为避免使用探头时被电击,需要首先确保探头的绝缘导线完好,并且在连接高压源时不要接触探头的金属部分。

3. 功能检查

① 按"Delete"键将示波器恢复为默认设置。

② 将探头的接地鳄鱼夹与探头补偿信号输出端下面的"接地端"相连。

③ 将探头 BNC 端连接示波器的通道输入端,另一端连接示波器补偿信号输出端。图 4-4-8 为补偿信号输出端/接地端。

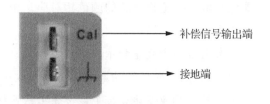

图 4-4-8　补偿信号输出端/接地端

④ 按"Auto Setup"键。

⑤ 观察示波器显示屏上的波形,正常情况下应显示图 4-4-9 所示波形。

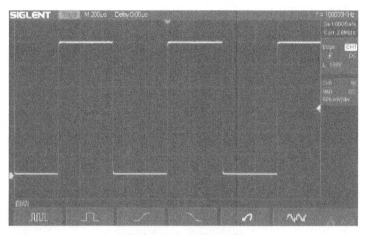

图 4-4-9 功能检查

⑥ 用同样的方法检测其他通道。若屏幕显示的方波形状与图 4-4-9 不符,请执行下面介绍的"探头补偿"。

4. 探头补偿

首次使用探头时,应进行探头补偿调节,使探头与示波器输入通道匹配。未经补偿或补偿偏差的探头会导致测量偏差或错误,探头补偿步骤如下。

(1) 执行上一节"功能检查"中的步骤①、②、③和④。

(2) 检查所显示的波形形状并与图 4-4-10 对比。

(3) 用非金属质地的改锥调整探头上的低频补偿调节孔,直到显示出如图 4-4-10 中"补偿适当"的波形。

欠补偿　　　　　补偿适当　　　　　过补偿

图 4-4-10 补偿波形

4.4.3 测量系统的设置

SDS1102X 数字示波器有两个模拟输入通道 CH1、CH2,每个通道有独立的垂直控制系统,且这两个通道的垂直控制系统的设置方法完全相同。本节将以 CH1 为例介绍垂直和水平系统的设置方法。

分别接入两个不同的正弦信号至 CH1 和 CH2 的通道连接器后,按下示波器前面板的通道键 CH1、CH2 开启通道,此时,通道按键灯被点亮。按下前面板的"Auto Setup"后显示通道波形如图 4-4-11 所示。若同时开启多个通道,在关闭通道之前必须查看通道菜单。例如,如果通道 1 和通道 2 已打开,且示波器显示通道 2 菜单,要关闭通道 1,需先按下 CH1 显示通道 1 菜单,然后再次按下 CH1 关闭通道 1。

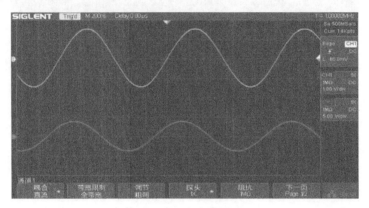

图 4-4-11 通道波形图

打开通道后,可根据输入信号调整通道的垂直挡位、水平时基及触发方式等参数,使波形显示易于观察和测量。

1. 垂直系统功能设置

垂直系统功能设置主要包括垂直挡位的调节、垂直位移的调节及耦合方式的设置。

(1) 垂直挡位的调节

垂直挡位的调节方式有"粗调"和"细调"两种。旋转垂直挡位旋钮调节垂直挡位。顺时针转动减小挡位,逆时针转动增大挡位。调节垂直挡位时,屏幕右侧状态栏中的挡位信息"100 V/div"实时变化。垂直挡位的调节范围与当前设置的探头比有关。设置探头衰减比时,先按对应通道键,选中该通道,然后连续按"探头"对应的软键,切换所需探头比,或使用多功能旋钮进行选择。默认情况下,探头衰减比为"×1",垂直挡位的调节范围为 500 pV/div~10 V/div。如果输入波形的幅值在当前垂直挡位下略大于满刻度,使用下一垂直挡位波形显示的幅值又明显偏低,此时可采用"细调"方式使幅值显示恰好为满屏或略低于满屏,以便更好地观察波形细节。

(2) 垂直位移的调节

垂直位移的调节可旋转垂直位移旋钮,默认设置下,波形位于屏幕的垂直中心,垂直位移值为 0。顺时针旋转增大位移,波形向上移动,逆时针旋转减小位移,波形向下移动。按下该按钮可快速将当前波形的垂直位移恢复为 0(使波形回到屏幕的垂直中心)。调节垂直位移时,屏幕中下方弹出的垂直位移信息实时发生变化。

(3) 耦合方式的设置

设置耦合方式可以滤除不必要的信号。先按通道键"CH1",选择耦合,然后连续按菜单软键对应按键切换以选择耦合方式,或使用多功能旋钮选择所需的耦合方式(默认为 DC 耦合)。当前耦合方式显示在屏幕右边的通道标签中。例如:被测信号是一个含有直流偏置的方波信号,如果设置耦合方式为"DC",则被测信号含有的直流分量和交流分量都可以通过;如果设置耦合方式为"AC",则被测信号含有的直流分量被阻隔。如果设置耦合方式为"GND",则被测信号含有的直流分量和交流分量都被阻隔。

2. 水平系统功能设置

水平控制包括对波形进行水平调整,启用分屏缩放功能及改变水平时基模式。水平控制图如图 4-4-12 所示。

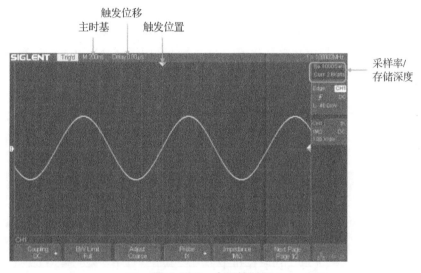

图 4-4-12　水平控制图

(1) 水平时基挡位的调节

旋转示波器前面板上的水平挡位调节水平时基挡位。顺时针转动减小挡位,逆时针转动增大挡位。显示屏顶部的"▽"符号表示时间参考点。

设置水平挡位时,屏幕左上角显示的挡位信息(如 M500 μs)实时变化。水平挡位的变换范围是 2 ns/div～50 s/div。

【注意】 当波形采集正在运行或停止时,水平挡位旋钮均正常工作且具备不同的功能。采集运行时,变换水平挡位可更改采样率;采集停止时,变换水平挡位可放大采集数据。

(2) 触发位置的设置

旋转示波器前面板上的水平位移旋钮设置触发位置。顺时针旋转使波形水平向右移动,逆时针旋转使波形水平向左移动。默认设置下,波形位于屏幕水平中心,水平触发位移为 0,且触发点与时间参考点重合。

调整水平触发位移时,屏幕上方信息栏中显示的延迟时间实时变化。波形向左移动,延迟时间(负值)相应减小;波形向左移动,延迟时间(正值)相应增大。

显示在触发点左侧的事件发生在触发之前,这些事件称为预触发信息。显示在触发点右侧的事件发生在触发之后,称为后触发信息。可用的延迟时间范围(预触发和后触发信息)取决于示波器当前选择的时基挡位和存储深度。

(3) 切换水平时基模式

按示波器前面板的 Acquire 键后,按"XY(关闭/开启)"软键切换以选择所需的时基显示模式(YT/XY)。默认的时基显示模式(关闭)是 YT 模式,李沙育图形模式是 XY 模式。

YT 模式是示波器的正常显示模式。只有该模式启用时,分屏缩放功能才有效。在此模式中,X 轴表示时间量,Y 轴表示电压量。触发前出现的信号事件被绘制在触发点(∇)左侧,触发后出现的信号事件被绘制在触发点右侧。

XY 模式下示波器将输入通道从电压—时间显示转化为电压—电压显示。其中,X 轴、Y 轴分别表示通道 1、通道 2 电压幅值。通过李沙育图形测频法可方便地测量频率相同的两个信号间的相位差。图 4-4-13 为李沙育图形测频法测量相位差的原理图。

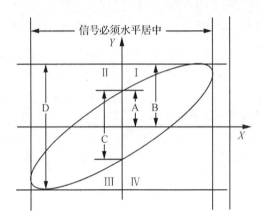

图 4-4-13　李沙育图形测频法测量相位差的原理图

3. 触发系统设置

触发设置是指按照需求设置一定的触发条件,当波形流中的某一个波形满足这一条件时,示波器即时捕获该波形和其相邻部分,并显示在屏幕上。只有稳定的触发才有稳定的显示。触发电路保证每次时基扫描或采集都从输入信号上与用户定义的触发条件开始,即每一次扫描和采集同步,捕获的波形相互重叠,从而显示稳定的波形。

示波器的触发信源包括模拟通道(CH1、CH2)、外触发通道(EXT TRIG)、市电信号通道(AC Line,交流电源),可按示波器前面板触发控制区中的"Setup"键后再按下"信源",选择所需的触发信源(CH1/CH2/EXT/(EXT/5)/AC Line)。

模拟输入通道 CH1、CH2 的输入信号均可以作为触发信源,被选中的通道不论其输入是否被打开,都能正常工作。外部触发源可用于示波器多个模拟通道同时采集数据的情况下,在【EXT TRIG】通道上外接触发信号。触发信号(如外部时钟、待测电路信号等)将通过【EXT TRIG】连接器接入 EXT 触发源。可以在 -1.6 V 到 $+1.6$ V 的触发电平范围内设置触发条件。市电输入通道,触发信号取自示波器的交流电源输入。这种触发信源可用来显示信号(如照明设备)与动力电(动力提供设备)之间的关系。例如,稳定触发变电站变压器输出的波形,主要应用于电力行业的相关测量。

【注意】 应选择稳定的触发源以保证波形能稳定触发。例如,示波器当前显示的是 CH2 波形,而触发信源却选择 CH1,导致波形不能稳定显示。因此,在实际选择触发信源时,应谨慎细心以保证信号能稳定触发。

触发方式包括自动触发方式、正常触发方式和单次触发方式。自动触发方式(Auto)适用于在检查 DC 信号或具有未知电平特性的信号时;正常触发方式(Normal)适用于只需要采集由触发设置指定的特定事件,在串行总线信号(IIC、SPI 等)或在触发中产生的其他信号上触发时,使用正常模式可防止示波器自动触发,从而使显示稳定;单次触发方式适用于捕获偶然出现的单次事件或非周期性信号或用于捕获毛刺等异常信号。

4.4.4 系统的参数测量

在 SDS1202X 中使用测量(Measure)可对波形进行自动测量。自动测量包括电压参数测量、时间参数测量和延迟参数测量。电压和时间参数测量显示在 Measure 菜单下的"类型"子菜单中,可选择任意电压或时间参数进行测量,且在屏幕底部最多可同时显示最后设置的 5 个测量参数值。而延迟测量显示在"全部测量"子菜单下,开启延迟测量即显示对应信源的所有延迟参数。

1. 一键测量

根据当前触发信源来选择当前测量的信源,通道只有在开启状态下才能被选择。首次按下"Measure"键就快速开启峰峰值(Vpp)和周期(Period)的测量参数,同时自动开启测量统计功能,如图 4-4-14 所示。

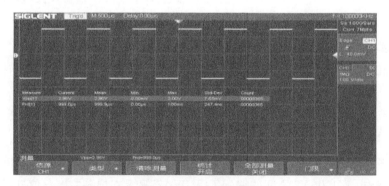

图 4-4-14 一键测量

按下类型选项即可显示所有测量类型,如图 4-4-15 所示。旋转多功能旋钮,选择要测量的参数并按下,该参数测量值即显示在屏幕底部。

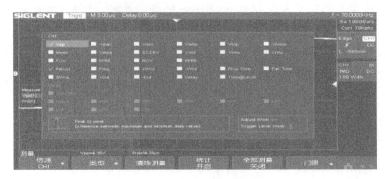

图 4-4-15 测量类型

若要测量多个参数值,可继续选择参数。屏幕底部最多可同时显示 5 个参数值,并按照选择的先后次序依次排列。此时若要继续添加下一个参数,则当前显示的第一个参数值自动被删除。当通道 1 和通道 2 均被打开时,勾选"CH1－CH2"后,还可以对两个通道波形及延迟进行测量。

按下"清除测量"软键,可清除当前屏幕显示的所有测量参数。若要清除当前显示参数中的某一个,可以旋转多功能旋钮至需要清除的参数并按下此旋钮,此时该参数前的勾选符号即会消除,同时屏幕下方的测量参数也会消失。

2. 光标测量

SDS1202X 包含的光标:$X1$、$X2$、$X1-X2$、$Y1$、$Y2$、$Y1-Y2$。X、Y 分别表示所选源波形(CH1/CH2/MATH/REFA/REFB)上的 X 轴值(时间)和 Y 轴值(电压),可使用光标在示波器信号上进行自定义电压测量、时间测量及相位测量。

(1) X 光标

X 光标是指用于测量水平时间(当使用 FFT 数学函数作为源时,X 光标指示频率)的垂直虚线。

$X1$ 表示屏幕左侧(默认)垂直虚线。可手动移动到屏幕中任意垂直位置。

$X2$ 表示屏幕右侧(默认)垂直虚线。可手动移动到屏幕中任意垂直位置。

可使用多功能旋钮设置 $X1$ 或 $X2$ 的时间值,并同时显示在当前光标菜单下和屏幕左上角信息区域中。$X1$ 和 $X2$ 之间的差(ΔT)及 $1/\Delta T$ 显示在屏幕左上角信息区域的"光标"框中。

$X1-X2$ 表示 $X1$ 和 $X2$ 的中心值,显示在当前光标菜单下。选中该选项后,旋转多功能旋钮可同时移动 $X1$ 和 $X2$。

(2) Y 光标

Y 光标是指用于测量垂直伏特或安培(具体取决于通道探头单位设置)的水平虚线。使用数学函数作为信源时,测量单位对应于该数学函数。

$Y1$ 屏幕上方(默认)水平虚线,可手动移动到屏幕中任意水平位置。

$Y2$ 屏幕下方(默认)水平虚线,可手动移动到屏幕中任意水平位置。

可使用多功能旋钮设置 Y1 或 Y2 的电压值,并同时显示在当前光标菜单下和屏幕左上角信息区域中。Y1 和 Y2 之间的差(ΔV)显示在屏幕左上角信息区域的"光标"框中。

Y1-Y2 表示 Y1 和 Y2 的中心值,显示在当前光标菜单下。选中该选项后,旋转多功能旋钮可同时移动 Y1 和 Y2。

(3) 光标测量的基本方法

① 按下示波器前面板的 Cursors 键快速开启光标,并进入光标菜单。

② 按下光标模式软键选择手动或追踪模式。(SDS1202X 提供两种光标模式)

③ 选择信源。按下信源软键,然后旋转多功能旋钮选择所需信源。可选择的信源包括模拟通道(CH1/CH2)、MATH 波形及当前存储的参考波形(REFA/REFB)。信源必须为开启状态才能被选择。

④ 选择光标进行测量。

a. 若要测量水平时间值,可使用多功能旋钮将 X1 和 X2 调至所需位置。必要时可选择"X1-X2"同时移动两垂直光标。

b. 若要测量垂直伏特或安培,可使用多功能旋钮将 Y1 和 Y2 调至所需位置,必要时可选择"Y1-Y2"同时移动两水平光标。

c. 修改光标信息框透明度。先按"Display",再按"透明度",旋转多功能旋钮设置所需透明度(20%~80%)至适当值,以便更清晰地查看信息框中信息。

图 4-4-16 为用光标测量峰峰值和周期的应用实例。

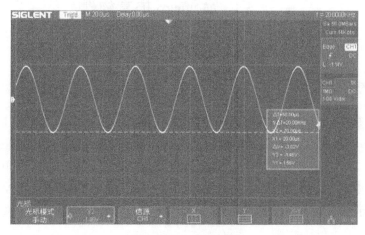

图 4-4-16　光标测量

第5章

EDA 仿真实验基础

电子设计自动化(Electronic Design Automation,EDA)技术已经在电子设计领域广泛应用。电子产品的设计过程,从概念的确立,到包括电路原理、PCB 版图、单片机程序、机内结构、FPGA 的构建及仿真、外观界面、热稳定分析、电磁兼容分析在内的物理级设计,再到 PCB 钻孔图、自动贴片、焊膏漏印、元器件清单、总装配图等生产所需资料全部在计算机上完成。EDA 技术借助计算机存储量大、运行速度快的特点,可对设计方案进行人工难以完成的模拟评估、设计检验、设计优化和数据处理等工作。EDA 已经成为集成电路、印制电路板、电子整机系统设计的主要技术手段。

5.1 Multisim 仿真软件

5.1.1 概　述

Multisim 是美国国家仪器有限公司推出的以 Windows 为基础的仿真工具,适用于板级的模拟/数字电路板的设计工作,它包含了电路原理图的图形输入、电路硬件描述语言输入方式,具有丰富的仿真分析能力。NI 公司已推出版本包括 Multisim2001、Multisim7、Multisim8、Multisim9、Multisim10、Multisim11、Multisim12、Multisim13、Multisim14 等,目前最为常用的版本是 Multisim11 和 Multisim14。

5.1.2 技术特点

Multisim 软件把电路图的创建、测试与仿真集成于一个操作视窗内,使其成为一个仿真实验平台,操作直观、简单、易学易用,电子信息、测控技术、自动化、电气控制等专业的学生可自学使用,如开展独立功能电子电路的仿真实验,验证理论所学与电路运行分析的一致性;也可进行综合性的设计和实验,培养学生的综合分析能力、开发和创新的能力。Multisim 软件具有以下技术特点:

① Multisim 是一个专门用于电子电路仿真与设计的工具软件,可以帮助用户设计、验

证和分析电路,从而提高电路设计的效率和准确性。

② Multisim 的元器件库提供了数千种电子电路元器件并定义其理想参数,供实验选用,同时支持新建或扩充已有的元器件库,新建元器件库所需的参数可以从生产厂商的产品手册中查到,可方便地应用于工程设计中。

③ Multisim 的虚拟测试仪器仪表种类齐全,有常用仪器仪表,如万用表、函数信号发生器、示波器、直流电源等,还有一般实验室少有或没有且价格昂贵的测试仪器,如波特图示仪、字信号发生器、逻辑分析仪、逻辑转换仪、失真度仪、频谱分析仪和网络分析仪等。

④ Multisim 具有较为详细的电路分析功能,可以完成如电路的瞬态和稳态分析、时域和频域分析、器件的线性和非线性分析、电路的噪声和失真度分析、傅里叶分析等 18 种常用的电路分析方法,基本满足工程设计人员对常用的电子电路的分析和设计要求。

⑤ Multisim 可仿真和测试各种电子电路,包括模拟电路、数字电路、模数组合电路及微控制器和接口电路等,可人为设置各种故障,如开路、短路和不同程度的漏电等,无须担心元器件和测试设备损坏,从而观察不同故障情况下的电路工作状况。

⑥ Multisim 可以实现计算机仿真设计与虚拟实验。与传统的电子电路设计和实验方法相比,软件可实现:设计与实验同步进行,可边设计边实验,修改调试方便;元器件及测试仪器仪表齐全,可完成各种类型的电路设计、仿真与实验;可方便地对电路参数进行测试和分析;实验中不消耗实际的元器件,所需元器件的种类和数量不受限制;设计和实验成功的电路可以直接在产品中使用。

5.1.3 Multisim 的组成与功能

Multisim 由输入单元、器件库、分析单元、虚拟仪器单元和结果处理单元五部分组成。各单元模块功能也各不相同。

1. 输入单元

操作者以画图形式设计电路图。

2. 器件库

软件提供了丰富的元器件库,可对元器件的参数属性进行编辑以更接近实际的元器件特性,同时可创建新器件库,以满足设计需要。

3. 分析单元

软件共有 20 种分析方法,分析方法非常丰富。

4. 虚拟仪器单元

软件具有丰富的测试仪器库,包含常用仪器和特殊仪器,种类繁多,使用方便,部分仪器的外观和操作与真实仪器完全一致。

5. 结果处理单元

结果处理单元可进行电路仿真结果的后续分析与处理,包括与其他软件相互转化的接口文件及格式互换等。

5.1.4　Multisim 界面和菜单

Multisim 软件以图形界面为主,采用菜单、工具栏和热键相结合的方式,具有一般 Windows 应用软件的界面风格,主要由菜单栏、标准工具栏、电路元器件列表、启停开关、虚拟仪器栏、仿真电路窗口、工具栏、元器件库、状态栏和元器件属性等组成。

1. Multisim 的主界面

启动 Multisim 后,将出现如图 5-1-1 所示的主界面。

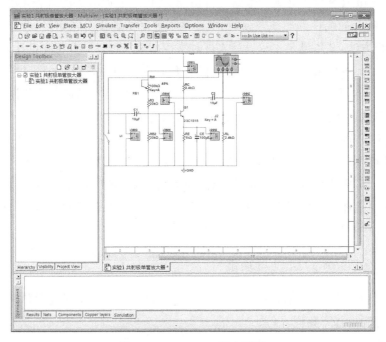

图 5-1-1　Multisim 的主界面

Multisim 的主界面由多个分功能单元组成,包括菜单栏、工具栏、仿真电路窗口、状态栏及列表框等。操作各个功能单元,可以实现电路图的绘制与设计,并对搭建的电路进行仿真、观测与分析。

2. Multisim 的菜单栏

Multisim 的菜单栏位于界面的上方,如图 5-1-2 所示,通过菜单可以对 Multisim 的所有功能进行操作。

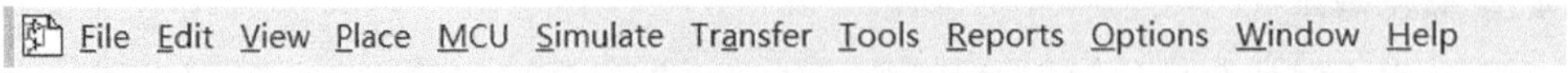

图 5-1-2　Multisim 的菜单栏

Multisim 的菜单栏与大多数 Windows 平台上的应用软件基本一致,如 File、Edit、View、Tools、Options、Window、Help 等常用按钮,同时还包含了部分特殊功能的 EDA 按钮,如 Place(放置)、MCU(微控制单元)、Simulate(仿真)、Transfer(转换)、Reports(报告)

等,通过 EDA 按钮,可实现电路的搭建、仿真与分析。

(1) File 菜单

File 菜单中包含了对文件和项目的基本操作及打印等命令,详见表 5-1-1。

表 5-1-1 File 菜单命令

命令	功能
New	创建一个新的电路设计文件
Open	打开一个已经存在的电路设计文件
Open Samples	打开一个样本文件
Close	关闭当前打开的电路设计文件
Close All	关闭正处于打开状态的所有电路设计文件
Save	保存当前打开的电路设计文件
Save As	保存当前电路到一个新的电路设计文件中
Save All	保存所有打开的电路设计文件
New Project	建立新的项目文件
Open Project	打开已有项目文件
Save Project	保存当前项目文件
Close Project	关闭当前项目文件
Version Control	文件版本管理
Print	打开一个标准的打印界面
Print Preview	打印预览
Print Options	用于打印当前电路图纸的页边距、打印方向等参数的设置
Recent Designs	给出最近打开过的设计文件列表
Recent Projects	给出最近打开过的 Multisim 工程文件列表
Exit	退出 Multisim 软件

(2) Edit 菜单

Edit 菜单命令及功能如表 5-1-2 所示,类似于图形编辑软件的功能,主要对电路窗口中的元器件及元器件之间的连线进行选择、复制和删除等操作。

表 5-1-2 Edit 菜单命令及功能

命令	功能
Undo	撤销操作
Redo	重复操作
Cut	剪切选中的器件、电路和文字
Copy	复制选中的器件、电路和文字
Paste	粘贴保存在剪切板中的内容

续表

命令	功能
Delete	永久性地移除选中的器件、电路和文字
Select All	选中活动窗口中的所有项
Delete Multi-Page	删除多页
Paste as Subcircuit	粘贴为一个子电路
Find	显示查找对话框,用于查找元器件
Comment	编辑选中的注释内容
Graphic Annotation	图形注释
Order	修改选中的图形组件的叠放顺序
Assign to Layer	将选中的内容分配到一个指定层
Layer Settings	设置电路图中可以显示的层信息
Orientation	调整选中内容的方向
Title Block Position	调整标题栏的位置
Edit Symbol/Title Block	编辑选中的符号或标题栏
Font	显示文本字体对话框
Properties	编辑电路文件的属性

(3) View 菜单

View 菜单命令及功能如表 5-1-3 所示,可以决定使用软件时的视图,仿真电路视窗内容的显示或隐藏。

表 5-1-3 View 菜单命令及功能

命令	功能
Full Screen	全屏显示仿真电路窗口
Parent Sheet	显示子电路窗口或分层电路的上一级电路
Zoom In	放大显示
Zoom Out	缩小显示
Zoom Area	放大选中区域
Zoom Fit to Page	在工作空间窗口中显示完整电路
Zoom to Magnification	按放大倍数放大
Zoom Selection	放大所选电路
Show Grid	显示或隐藏栅格
Show Border	显示或隐藏边框
Show Print Page Bounds	显示或隐藏打印的电路图页边框
Ruler Bars	显示或隐藏标尺栏

续表

命令	功能
Status bar	显示或隐藏状态栏
Design Toolbox	显示或隐藏设计工具箱
Spreadsheet View	显示或隐藏数据表格栏
SPICE Netlist Viewer	显示或隐藏当前电路的 SPICE 网络表
Description Box	显示或隐藏电路描述窗口
Toolbars	显示或隐藏工具栏
Show Comment/Probe	显示或隐藏注释或静态探针的信息框
Grapher	显示或隐藏仿真分析图表

(4) Place 菜单

Place 菜单命令及功能如表 5-1-4 所示,用于在仿真电路窗口放置元器件、节点、文本或图形等电路组件。

表 5-1-4　Place 菜单命令及功能

命令	功能
Component	打开元器件库,选择要放置的器件
Junction	放置节点
Wire	放置导线
Bus	放置总线
Connectors	放置连接器
New hierarchical block	放置一个新的层次电路模块
Hierarchical block from File	获取一个层次电路模块
Replace by Hierarchical Block	替代层次模块所选电路
New Subcircuit	放置一个子电路
Replace by Subcircuit	用子电路替换所选电路
Multi-Page	产生一个新的电路图页面
Bus Vector Connect	放置总线矢量连接
Comment	器件增加一个注释
Text	放置文本
Graphics	放置绘图工具
Title Block	放置标题栏

Multisim 实现电路的模块化设计有三种方式:Multi-Page(多页面)、Subcircuit(子电路)、Hierarchical block(层次电路块)。Multi-Page 可以实现在一个设计里放置多个电路页面,不同页面内的元件连接使用 Multi-Page Connector 实现在同一个设计内跨页面连接;Subcircuit 可以在一个设计内,将一个模块封装,只保留对外的端口;Hierarchical Block

可以将一个文件封装,只保留对外的端口(优势在于可以跨文件)。

(5) MCU 菜单

操作 MCU 菜单,可以对包含有 MCU 的嵌入式设备提供软件仿真功能,设置程序断点,选择暂停或单步执行程序,实时检查嵌入式系统中的寄存器、内存等。该功能包含了程序设计与软件仿真功能,且仅支持部分型号的 MCU,这里就不再详细介绍了。

(6) Simulate 菜单

Simulate 菜单命令及功能如表 5-1-5 所示,主要用于仿真的设置与操作。

表 5-1-5 Simulate 菜单命令及功能

命令	功能
Run	启动仿真
Pause	暂停仿真
Stop	停止仿真
Instruments	选择并放置各种仪器进行仿真
Interactive Simulation Setting	交互仿真设置
Mixed-mode Simulation Setting	混合模式仿真设置
Analyses	选择分析方法进行仿真
Postprocessor	获取之前所采用的分析方法得到的分析结果
Simulation Error Log/Audit Trail	显示仿真错误日志
XSPICE Command Line Interface	显示 XSPICE 命令界面
Load Simulation Settings	加载仿真设置
Save Simulation Settings	保存仿真设置
Auto Fault Option	自动设置故障选项
Dynamic Probe Properties	探针的默认属性
Reverse Probe Direction	反转探针极性
Clear Instrument Data	清除仪器测量数据
Use Tolerances	允许误差量设置

(7) Transfer 菜单

Transfer 菜单命令及功能如表 5-1-6 所示,操作 Transfer 菜单提供的命令可以方便地将 Multisim 中设计的电路图或仿真数据转换为其他 EDA 软件所需要的文件格式,或者把其他 EDA 软件所使用的文件格式转换为 Multisim 软件所需要的文件格式。

表 5-1-6　Transfer 菜单命令及功能

命令	功能
Transfer to Ultiboard	将设计的电路图转换为 Ultiboard 的文件格式
Forward Annotate to Ultiboard	将设计电路图的注释传送至 Ultiboard
Back Annotate from file	将设计中的注释从 Ultiboard 传送回 Multisim 文件中
Export to other PCB layout file	导出到其他 PCB 制图软件
Highlight Selection in Ultiboard	Ultiboard 运行时，Multisim 软件选中的器件在对应的 Ultiboard 中高亮显示

(8) Tools 菜单

Tools 菜单命令及功能如表 5-1-7 所示，操作 Tools 菜单用于编辑或管理元器件库或元器件。

表 5-1-7　Tools 菜单命令及功能

命令	功能
Component Wizard	元器件创建向导
Database	管理元器件库
Variant Manager	变量管理器
Set Active Variant	设置活动变量
Circuit Wizards	电路创建向导
SPICE Netlist Viewer	SPICE 网络浏览
Rename/Renumber Components	元器件重命名或重编序号
Replace Components	替换元器件
Update Circuit Components	更新子电路元器件
Update HB/SC Symbols	更新 HB/SC 符号
Electrical Rules Check	电气规则检查
Clear ERC Markers	清除电气规则检查标志
Toggle NC Marker	放置 NC(无连接点)标志
Symbol Editor	符号编辑器
Title Block Editor	标题栏编辑器
Description Box Editor	电路描述编辑器
Capture Screen Area	显示区域电路图截图
Online Design Resources	在线设计资源查找

(9) Reports 菜单

Reports 菜单命令及功能如表 5-1-8 所示，操作 Reports 菜单用于产生当前电路的各种报告。

表 5-1-8 Reports 菜单命令及功能

命令	功能
Bill of Materials	元器件清单(BOM)报告
Component Detail Report	元器件详细报告
Netlist Report	网络表连接报告
Cross Reference Report	交互参考报告
Schematic Statistics	电路原理图统计列表报告,包括元器件数量、网络连线的数量等
Spare Gates Report	未使用门电路列表报告,指出当前设计的多逻辑门器件中还未使用的门报告

(10) Options 菜单

Options 菜单命令及功能如表 5-1-9 所示,操作 Option 菜单对软件的运行环境进行定制和功能设置。

表 5-1-9 Options 菜单命令及功能

命令	功能
Global Options	设置全局参数
Sheet Properties	设置电路图或子电路图属性参数
Lock Toolbars	锁定工具栏
Customize Interface	定制用户界面

(11) Window 菜单

Window 菜单命令及功能如表 5-1-10 所示,操作 Window 菜单用于控制 Multisim 窗口的显示、叠放方式及关闭等功能。

表 5-1-10 Window 菜单命令及功能

命令	功能
New Window	新建当前电路窗口的副本
Close	关闭当前活动电路窗口
Close all	关闭所有打开的电路窗口
Cascade	排列设计窗口,叠放所有已打开的电路窗口
Tile Horizontally	调整所有打开的设计窗口的大小,以使窗口都以水平方向显示在屏幕上
Tile Vertically	调整所有打开的设计窗口的大小,以使窗口都以垂直方向显示在屏幕上

(12) Help 菜单

Help 菜单命令及功能如表 5-1-11 所示,操作 Help 菜单,为用户提供在线技术帮助和使用指导。

表 5-1-11　Help 菜单命令及功能

命令	功能
Multisim Help	Multisim 帮助文件目录
Component Reference	帮助主题索引
Patents	专利信息
Release Notes	版本注释信息
File Information	当前设计电路图的文件信息
About Multisim	当前 Multisim 版本说明

3. 工具栏

Multisim 提供了多种工具栏快捷按钮，并以层次化的模式加以管理，用户可以通过 View 菜单中的选项方便地将顶层的工具栏打开或关闭，再通过顶层工具栏中的按钮来管理和控制下层的工具栏。通过工具栏，用户可以方便直接地使用软件的各项功能。

顶层的工具栏有 Standard 工具栏、View 工具栏、Main 工具栏、Components 工具栏、Simulation 工具栏、Power source components 工具栏、Instruments 工具栏、Virtual 工具栏、Graphic Annotation 工具栏。

（1）Standard 工具栏

Standard 工具栏提供了 Multisim 的基本工具功能，如图 5-1-3 所示，包含常见的文件操作和编辑操作。

（2）View 工具栏

View 工具栏提供了视窗调整功能，方便地调整所编辑电路的视图大小，如图 5-1-4 所示。

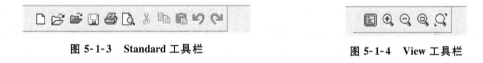

图 5-1-3　Standard 工具栏　　　　　　图 5-1-4　View 工具栏

（3）Main 工具栏

Main 工具栏提供了当前设计的相关原理图信息及数据库管理相关操作功能，如图 5-1-5 所示。

图 5-1-5　Main 工具栏

典型的功能如：在"In Use List"下拉列表中可以看到当前活动原理图中使用的元器件列表；可以通过"Database Manager"按钮和"Component Wizard"按钮对已有元件进行编辑或创建新的元件；具体的内容可以从 Multisim 的在线文档中获取。

(4) Components 工具栏

Components 工具栏提供了与 Multisim 软件主界面菜单栏中 Place 和 Component 菜单项相对应元器件类型库的按钮,如图 5-1-6 所示。该工具栏有 19 个按钮,通过按钮上的图标就可大致了解该类元器件的类型,如"Place Source"按钮、"Place Basics"按钮等。

图 5-1-6　Components 工具栏

(5) Simulation 工具栏

Simulation 工具栏提供电路仿真开始、结束和暂停的控制功能,如图 5-1-7 所示。通过"Inter-active"按钮,可以弹出"Analyses and simulation"菜单,用户可以进一步选择所需要的仿真分析方法。

图 5-1-7　Simulation 工具栏

(6) Power source components 工具栏

Power source components 工具栏提供了仿真电路所需的电源和信号源类元器件,如图 5-1-8 所示。

图 5-1-8　Power source components 工具栏

(7) Instruments 工具栏

Instruments 工具栏提供了 Multisim 为用户提供的所有测量用虚拟仪器仪表,如图 5-1-9 所示,用户可以通过点击相应的按钮,选择仿真需要的仪器,对电路运行状态进行测量。注意该工具栏一般位于软件视窗的最右边垂直显示,为显示方便,特将该工具栏水平显示。

图 5-1-9　Instruments 工具栏

(8) Virtual 工具栏

Virtual 工具栏和 Components 工具栏类似,如图 5-1-10 所示,该工具栏提供了 9 类虚拟的理想元器件,单击每个按钮可以打开对应的虚拟元器件库,放置各种仿真所需的虚拟元器件。

图 5-1-10　Virtual 工具栏

（9）Graphic Annotation 工具栏

Graphic Annotation 工具栏提供了用于绘制各种图形的按钮，如图 5-1-11 所示。

图 5-1-11　Graphic Annotation 工具栏

除上述介绍的主要工具栏以外，Multisim 还提供辅助的细分工具栏，如 Analog Components、Basic、Diodes、Transistor Components 等诸多细分库工具栏，均可以在主要工具栏内找到对应关系，在此就不一一赘述了。

5.2　Multisim 元器件库

5.2.1　元器件库的管理

元器件数量及对应模型参数准确性决定了 EDA 软件的仿真有效性和易用性。Multisim 为用户提供了丰富的元器件，以类型库的形式展示元器件并进行相应的管理，同时支持用户添加自定义元器件并设置相应的参数，以满足电路仿真的需求。

Multisim 以元器件库的形式管理元器件，按 Tools➡Database➡Database Manager 顺序操作菜单，打开 Database Manager 对话框，对元器件库进行管理，如图 5-2-1 所示。

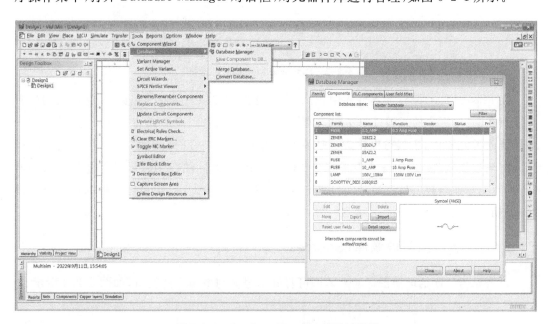

图 5-2-1　Database Manager 打开过程图

Database Manager 对话框中的 Database name 的列表中有三个数据库：Master Database、Corporate Database 和 User Database，如图 5-2-2 所示。其中：Master Database 库中存放 Multisim 软件为用户提供包含所有只读格式的已装载元件，Corporate Database 用于设计团队共享的自定义元件库，User Database 为用户自定义的元器件库。Master Database 为 Multisim 自带元器件库，仅提供使用权而无法编辑；在刚安装好的软件环境中，Corporate Database、User Database 中无元器件数据，若要对元器件进行编辑、修改，可以复制"Master Database"中的元器件通过新建自定义元器件库，修改后保存在 Corporate Database 或 User Database 数据库中，然后在电路设计与仿真时使用。

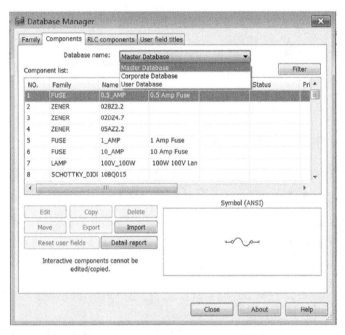

图 5-2-2　Database Manager 对话框

在 Master Database 元器件库中，有实际元器件和虚拟元器件两种类型，它们之间的根本差别在于：未标注的元器件与实际元器件的型号、参数及封装形式均相互对应，设计过程中采用此类元器件，不仅可以使设计仿真与实际情况有良好的对应性，而且可以直接将设计导出至制版软件 Ultiboard 中进行 PCB 的设计，后缀标注"VIRTUAL"的为虚拟元器件，此类元器件参数值是该类器件的典型值，不与实际器件对应，用户可以根据需要改变器件模型的参数值。

5.2.2　信号源与电源库(Sources)

点击元器件库的电源图标 ⊕ ，即可打开信号源与电源库的窗口，如图 5-2-3 所示。

图 5-2-3 Sources 选择窗口

在 Sources 选择对话框所列元器库中,共包含了 7 种信号源/电源,分别如下。

① POWER_SOURCES(电源):交直流电源、信号地、大地、三相△接电源、三相 Y 接电源等。

② SINGAL_VOLTAGE_SOURCES(电压信号源):交流电压信号源、调幅电压信号源、调频电压信号源、方波时钟电压信号源、脉冲时钟电压信号源及三角波电压信号源等。

③ SINGAL_CURRENT_SOURCES(电流信号源):交流电流信号源、双极性方波时钟电流信号源、方波时钟电流信号源及直流电流信号源等。

④ CONTROLLED_VOLTAGE_SOURCES(受控电压信号源):电压控制电压信号源和电流控制电压信号源等。

⑤ CONTROLLED_CURRENT_SOURCES(受控电流信号源):电压控制电流信号源和电流控制电流信号源等。

⑥ CONTROL_FUNCTION_BLOCKS(控制函数模块):乘除法、微积分等多功能模块。

⑦ DIGITAL_SOURCES(数字信号源):数字时钟信号、数字常量 1 和数字常量 0。

5.2.3 基本(Basic)元器件库

点击元器件库的电源图标 ⚡ ,即可打开基本元器件库的窗口,如图 5-2-4 所示。基本元器件功能说明如表 5-2-1 所示。

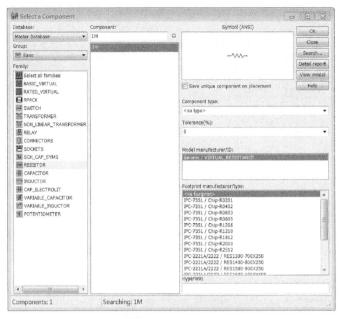

图 5-2-4　Basic 选择窗口

表 5-2-1　基本元器件功能说明

元器件类名称	功能说明
BASIC_VIRTUAL	基本虚拟元器件：电阻、电容、电感、继电器、电位器、压控RLC 等
RATED_VIRTUAL	标准虚拟元器件：定时器、三极管、电阻、电容、发光二极管、电感、继电器、电位器等
RPACK	排阻：多个电阻并联并具有同一个公共端的电阻组合
SWITCH	开关：多种开关和压控开关
TRANSFORMER	变压器
NON_LINEAR_TRANSFORMER	非线性变压器：考虑变压器磁性饱和，可构造漏感等参数
RELAY	继电器
CONNECTORS	连接器
SOCKETS	电源接线排/插座
SCH_CAP_SYMS	原理图设计用元器件符号
RESISTOR	电阻
CAPACITOR	电容
INDUCTOR	电感
CAP_ELECROLIT	电解电容
VARIABLE_CAPACITOR	可变电容
VARIABLE_INDUCTOR	可变电感
POTENTIOMETER	电位器

5.2.4 二极管(Diodes)元器件库

点击元器件库的二极管图标 ，即可打开二极管元器件库的对话框,如图 5-2-5 所示。二极管元器件库功能说明如表 5-2-2 所示。

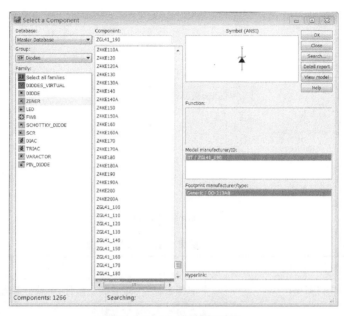

图 5-2-5　Diodes 选择窗口

表 5-2-2　二极管元器件库功能说明

元器件类名称	功能说明
DIODES_VIRTUAL	虚拟二极管:理想二极管、理想齐纳管
DIODES	普通二极管:多个公司多种型号二极管
ZENER	齐纳二极管:稳压二极管,多个公司多种型号齐纳二极管
FWB	单相整流全桥
SCHOTTKY_DIODE	肖特基二极管
SCR	可控硅:晶闸管,半控型电流过零断开半导体器件
DIAC	双向肖特基二极管:等同两个肖特基二极管反向并联
TRIAC	双向可控硅:等同两个可控硅反向并联
VARACTOR	变容二极管:结电容可变二极管
PIN_DIODE	结型二极管:具备合金结或扩散结的二极管

5.2.5 三极管(Transistors)元器件库

点击元件库的三极管图标 ，即可打开三极管元器件库的窗口,如图 5-2-6 所示。三极管元器件库功能说明如表 5-2-3 所示。

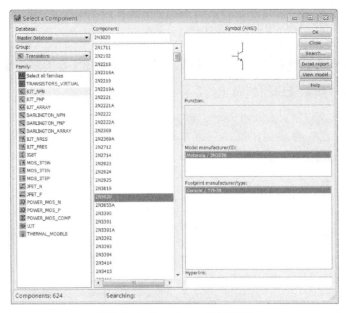

图 5-2-6　Transistors 选择窗口

表 5-2-3　三极管元器件库功能说明

元器件类名称	功能说明
TRANSISTORS_VIRTUAL	虚拟三极管：双极性晶体管、场效应管等
BJT_NPN	双极性 NPN 型晶体管
BJT_PNP	双极性 PNP 型晶体管
BJT_ARRAY	双极性晶体管组
DARLINGTON_NPN	达林顿 NPN 型晶体管
DARLINGTON_PNP	达林顿 PNP 型晶体管
DARLINGTON_ARRAY	达林顿晶体管组
BJT_NRES	预置基极和基射极电阻的 NPN 型晶体管
BJT_PRES	预置基极和基射极电阻的 PNP 型晶体管
IGBT	绝缘栅双极性功率管
MOS_3TDN	三端 N 沟道耗尽型 MOS 管
MOS_3TEN	三端 N 沟道增强型 MOS 管
MOS_3TEP	三端 P 沟道增强型 MOS 管
JFET_N	N 沟道结型场效应管
JFET_P	P 沟道结型场效应管
POWER_MOS_N	N 沟道功率 MOS 管
POWER_MOS_P	P 沟道功率 MOS 管
UJT	单结型晶体管
THERMAL_MODELS	N 沟通热敏感模型 MOS 管

5.2.6 模拟(Analog)元器件库

点击元件库的模拟元器件图标 ，即可打开模拟元器件库的窗口,如图 5-2-7 所示。模拟元器件库功能说明如表 5-2-4 所示。

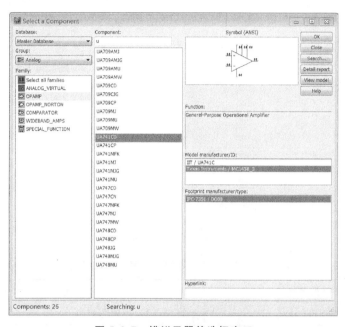

图 5-2-7 模拟元器件选择窗口

表 5-2-4 模拟元器件库功能说明

元器件类名称	功能说明
ANALOG_VIRTUAL	虚拟模拟器件:比较器、运算放大器
OPAMP	运算放大器:多个公司多种型号运算放大器
OPAMP_NORTON	诺顿运算放大器:电流差动运算放大器
COMPARATOR	比较器:多个公司多种型号比较器
WINDEBAND_AMPS	高带宽运算放大器
SPECIAL_FUNCTION	特殊功能运算放大器:音视频运放、有源滤波器等

5.2.7 TTL 逻辑芯片库

点击元件库的 TTL 图标 ，即可打开 TTL 逻辑芯片库的窗口,如图 5-2-8 所示。TTL 逻辑芯片库功能说明如表 5-2-5 所示。

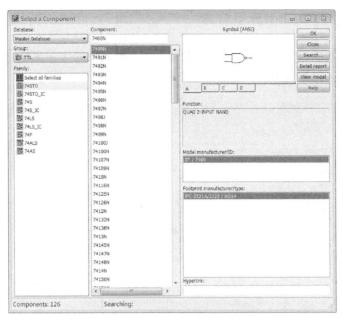

图 5-2-8　TTL 逻辑芯片库选择窗口

表 5-2-5　TTL 逻辑芯片库功能说明

元器件类名称	功能说明
74STD	标准型 TTL 逻辑芯片
74S	肖特基型 TTL 逻辑芯片
74LS	低功耗肖特基型 TTL 逻辑芯片
74F	高速 TTL 逻辑芯片
74ALS	先进低功耗肖特基型 TTL 逻辑芯片
74AS	先进肖特基型 TTL 逻辑芯片

5.2.8　CMOS 逻辑芯片库

点击元件库的 CMOS 图标 ，即可打开 CMOS 逻辑芯片库的窗口,如图 5-2-9 所示。CMOS 逻辑芯片库功能说明如表 5-2-6 所示。

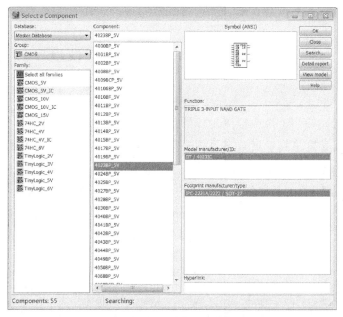

图 5-2-9　CMOS 逻辑芯片库选择窗口

表 5-2-6　CMOS 逻辑芯片库功能说明

元器件类名称	功能说明
CMOS_5V	4000 系列 5V CMOS 逻辑门电路
CMOS_5V_IC	4000 系列 5V CMOS 逻辑芯片
CMOS_10V	4000 系列 10V CMOS 逻辑门电路
CMOS_10V_IC	4000 系列 10V CMOS 逻辑芯片
CMOS_15V	4000 系列 15V CMOS 逻辑门电路
74HC_2V	74 系列 2V CMOS 逻辑门电路
74HC_4V	74 系列 4V CMOS 逻辑门电路
74HC_4V_IC	74 系列 4V CMOS 逻辑芯片
74HC_6V	74 系列 6V CMOS 逻辑门电路
TinyLogic_2V	TinyLogic 系列 2V CMOS 逻辑门电路
TinyLogic_3V	TinyLogic 系列 3V CMOS 逻辑门电路
TinyLogic_4V	TinyLogic 系列 4V CMOS 逻辑门电路
TinyLogic_5V	TinyLogic 系列 5V CMOS 逻辑门电路
TinyLogic_6V	TinyLogic 系列 6V CMOS 逻辑门电路

Multisim 软件还提供了如数字器件、模数器件、显示器件、电源器件、混合器件等多种元器件类型库,可满足绝大部分用户电路仿真的需求,在此不再详述,可参考 help 菜单了解、学习和使用。

5.3　Multisim 虚拟测量仪器

Multisim 提供多达 21 种虚拟测量仪器仪表，其中的几种虚拟仪器，如泰克示波器、安捷伦函数发生器、安捷伦高精度数字万用表等，完全按照真实仪器面板和按钮的功能进行设计，显示和测量精度也保持一致。

在电路进行仿真时，通过测量仪器仪表测试电路运行结果并加以分析，从而完成电路仿真的整个过程。虚拟仪器可以从 View➡Toolbars➡Instruments 工具栏打开，如图 5-3-1 所示，或用菜单命令 Simulate➡Instruments 直接选用所列多种虚拟仪器中的一种，如图 5-3-2 所示。

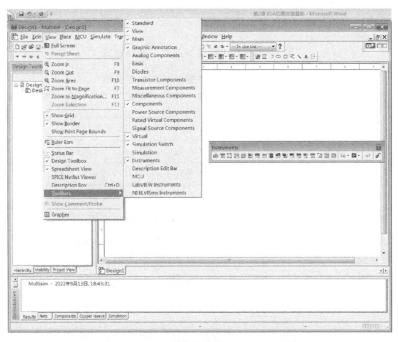

图 5-3-1　Instruments 菜单打开操作示意图

第 5 章 ● EDA 仿真实验基础

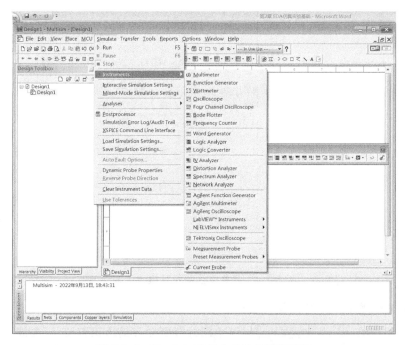

图 5-3-2 Simulate 菜单中的仪器选项列表

下面来介绍常用的虚拟测量仪器仪表。

5.3.1 万用表(Multimeter)

点击 Instruments 菜单的万用表图标 ，移动鼠标即可在电路图中放置一台虚拟万用表，双击万用表即可弹出该仪器的操作面板，如图 5-3-3 所示。

图 5-3-3 万用表及其操作面板

万用表操作面板内容选项如下：

显示栏 ▬▬▬▬▬ :显示测量结果数据；

测量功能选择：A(代表测量电流)，V(代表测量电压)，Ω(代表测量电阻)，dB(代表测量分贝)；

测量信号类型选择："～"(代表测量交流信号)，"━"(代表测量直流信号)；

设置按钮 Set… :设置万用表的电气参数和各个测量挡显示的最大值。

5.3.2 函数发生器(Function Generator)

点击 Instruments 菜单的函数发生器图标 ,移动鼠标即可在电路图中放置一台虚拟函数发生器,双击函数发生器即可弹出该仪器的操作面板,如图 5-3-4 所示。

图 5-3-4 函数发生器及其操作面板

函数发生器操作面板内容选项如下:

函数波形选择 Waveforms :三个图标分别对应输出正弦波、三角波、方波;

信号设置:Frequency 设置频率,Duty cycle 设置周期,Amplitude 设置幅度;

Offset 设置零点;Set rise/Fall time 设置上升/下降时间。

5.3.3 瓦特表(Wattmeter)

点击 Instruments 菜单的瓦特表图标 ,移动鼠标即可在电路图中放置一台虚拟瓦特表,双击瓦特表即可弹出该仪器的操作面板,如图 5-3-5 所示。

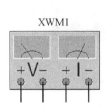 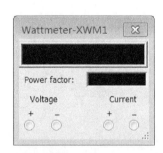

图 5-3-5 瓦特表及其操作面板

瓦特表操作面板内容选项如下:

显示栏:主窗口显示功率测量结果,Power factor 显示功率因数测量结果;

信号输入:Voltage 设置电压输入,Current 设置电流输入。

5.3.4 双通道示波器(Oscilloscope)

点击 Instruments 菜单的双通道示波器图标 ,移动鼠标即可在电路图中放置一台虚拟示波器，双击示波器即可弹出该仪器的操作面板，如图 5-3-6 所示。

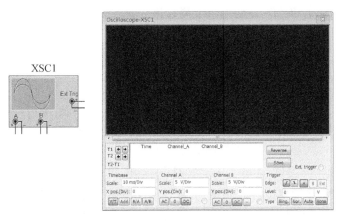

图 5-3-6　双通道示波器及其操作面板

示波器操作面板内容选项如下：

信号输入端："A、B"分别为两个测量信号输入端，"Ext Tng"为外触发信号输入端；

显示栏：主窗口显示被测信号的波形；

时间设置(Timebase)：Scale 设置时间，X pos. 表示移动时间零点位置，Y/T 表示幅度/时间，Add 表示信号矢量和，B/A 表示李沙育曲线 1，A/B 表示李沙育曲线 2；

通道 A/B 设置(Channel A/B)：Scale 设置幅度，Y pos. 表示移动幅度零点位置，AC 表示交流耦合，0 表示接地，DC 表示直流耦合；

触发设置(Trigger)：Edge 设置触发沿(上升沿/下降沿)，Level 设置触发电平，Type 设置触发方式，包括 Sing.(单次)、Nor.(正常)、Auto(自动)、None(无触发)。

5.3.5　四通道示波器(4 Channel Oscilloscope)

点击 Instruments 菜单的四通道示波器图标 ▦ ，移动鼠标即可在电路图中放置一台虚拟四通道示波器，双击示波器即可弹出该仪器的操作面板，如图 5-3-7 所示。

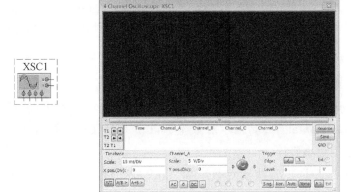

图 5-3-7　四通道示波器及其操作面板

示波器操作面板内容选项如下：

信号输入端："A、B、C、D"分别为四个测量信号输入端，"G"为四通道信号公共参考地，"T"为外触发信号输入端；

显示栏：主窗口显示被测信号的波形；

时间设置（Timebase）：Scale 设置时间，X pos. 表示移动时间零点位置，Y/T 表示幅度/时间，Add 表示信号矢量和，B/A 表示李沙育曲线1，A/B 表示李沙育曲线2；

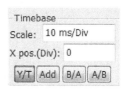

通道 A/B/C/D 设置（Channel A/B/C/D）：Scale 设置幅度，Y pos. 表示移动幅度零点位置，AC 表示交流耦合，0 表示接地，DC 表示直流耦合。

【注意】 通过图 5-3-8 圈内旋钮来选择设置四个通道中的一个。

触发设置（Trigger）：Edge 设置触发沿（上升沿/下降沿），Level 设置触发电平，Type 设置触发方式，包括 Sing.（单次）、Nor.（正常）、Auto（自动）、None（无触发）。

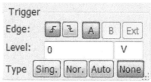

图 5-3-8 四通道示波器设置

5.3.6 波特图示仪（Bode Plotter）

点击 Instruments 菜单的波特图示仪图标 ，移动鼠标即可在电路图中放置一台虚拟波特图示仪，双击波特图示仪即可弹出该仪器的操作面板，如图 5-3-9 所示。

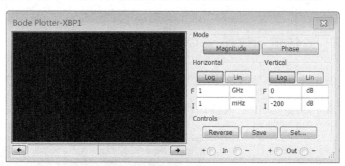

图 5-3-9 波特图示仪及其操作面板

波特图示仪操作面板内容选项如下：

模式选择（Mode）：Magnitude 显示幅频特性曲线，Phase 显示相频特性曲线；

水平坐标（Horizontal）：Log 表示对数坐标，Lin 表示线性坐标，F 表示频率范围最大值，I 表示频率范围最小值；

垂直坐标（Vertical）：Log 表示对数坐标，Lin 表示线性坐标，F 表示幅度/相位范围最大值，I 表示幅度/相位范围最小值；

控制设置（Controls）：Reverse 表示反白显示，Save 表示数据存储，Set… 表示仪器分辨率。

5.3.7　频率计(Frequency Counter)

点击 Instruments 菜单的频率计图标 ![icon]，移动鼠标即可在电路图中放置一台虚拟频率计，双击频率计即可弹出该仪器的操作面板，如图 5-3-10 所示。

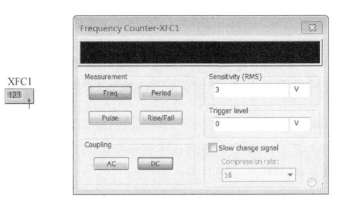

图 5-3-10　频率计及其操作面板

频率计操作面板内容选项如下：

测量选择(Measurement)：Freq 表示频率测量，Period 表示周期测量，Pulse 表示脉冲宽度测量，Rise/Fall 表示脉冲上升/下降沿时间测量；

耦合方式(Coupling)：AC 表示交流耦合，DC 表示直流耦合；

灵敏度(Sensitivity)：设置灵敏度的有效值及数值单位；

触发电平(Trigger level)：设置触发电平的有效值及数值单位；

低频信号(Slow change signal)：设置低频信号压缩率。

5.3.8　伏安特性分析仪(IV-Analyzer)

点击 Instruments 菜单的伏安特性分析仪 ![icon]，移动鼠标即可在电路图中放置一台虚拟伏安特性分析仪，双击伏安特性分析仪即可弹出该仪器的操作面板，如图 5-3-11 所示。

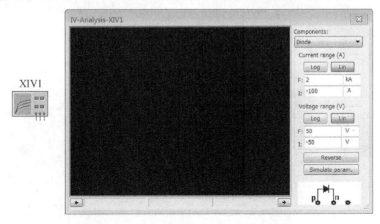

图 5-3-11　伏安特性分析仪及其操作面板

伏安特性分析仪主要用于测量半导体器件的伏安特性,操作面板内容选项如下:

元器件选择(Components):Diode(二极管)、BJT PNP 与 BJT PNP(晶体管)、NMOS 与 PMOS(MOS 管);

电流范围/电压范围(Current range/Voltage range):Log 表示对数坐标、Lin 表示线性坐标、F 表示电流/电压最大值、I 表示电流/电压最小值;

Reverse 表示反白显示、Simulate param. 表示仿真参数设置;

元器件连线方式图示 。

5.3.9　安捷伦信号发生器(Agilent Function Generator)

点击 Instruments 菜单的安捷伦信号发生器 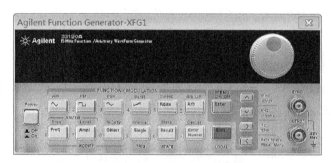,移动鼠标即可在电路图中放置一台虚拟安捷伦信号发生器 33120A(不同软件版本型号有差异),双击安捷伦信号发生器即可弹出该仪器的操作面板,如图 5-3-12 所示。

图 5-3-12　安捷伦信号发生器及其操作面板

安捷伦信号发生器操作等同于真实仪器的操作,主要功能包括:
波形选择:正弦波、方波、三角波、锯齿波;
波形设置:频率、幅度、周期、零点等。

5.3.10　安捷伦万用表(Agilent Multimeter)

点击 Instruments 菜单的安捷伦万用表 ,移动鼠标即可在电路图中放置一台虚拟安捷伦万用表 34401A(不同软件版本型号有差异),双击安捷伦万用表即可弹出该仪器的操作面板,如图 5-3-13 所示。

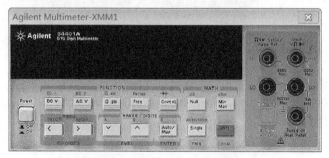

图 5-3-13　安捷伦万用表及其操作面板

安捷伦万用表操作等同于真实仪器的操作,主要功能包括:
测量信号选择:交直流电压/电流、电阻、频率、二极管;
测量方式设置:有效位数、量程等。

5.3.11 泰克示波器(Tektronix Oscilloscope)

点击 Instruments 菜单的泰克示波器 ![TB],移动鼠标即可在电路图中放置一台虚拟四通道泰克示波器 TDS2024(不同软件版本型号有差异),双击泰克示波器即可弹出该仪器的操作面板,如图 5-3-14 所示。

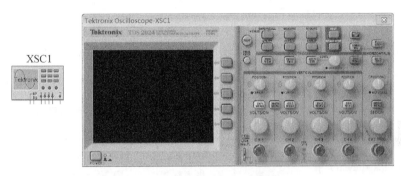

图 5-3-14　泰克示波器及其操作面板

泰克示波器是一个 4 通道、200 MHz 带宽的示波器,操作等同于真实仪器的操作。

5.3.12　其他仪器

除了 5.3.1～5.3.11 介绍的虚拟仪器仪表之外,Multisim 还提供了包括逻辑转换器、网络分析仪、失真度测试仪等仪器仪表,功能简介如表 5-3-1 所示,如需要进一步了解其详细功能及使用方法,可查阅帮助文档或在线技术支持。

表 5-3-1　Multisim 部分虚拟仪器仪表功能简介

仪器仪表名称	对应图标	中文名称	功能简介
Word Generator		字信号发生器	给定字对应的 16 个位,端口产生对应的数字 IO 信号
Logic Analyzer		逻辑分析仪	测试多达 16 路数字信号的电平状态,帮助用户分析数字信号的逻辑关系
Logic Converter		逻辑转换仪	数字电路转换与真值表、布尔表达式之间相互转换
Distortion Analyzer		失真度测试仪	对 20～100 kHz 频率范围内的信号进行总失真度、信噪比测量

续表

仪器仪表名称	对应图标	中文名称	功能简介
Spectrum Analyzer		频谱分析仪	测量电路系统的幅频特性和相频特性
Network Analyzer		网络分析仪	测量电路系统的分布参数,以分析系统的高频参数
Agilent Oscilloscope		安捷伦示波器	2通道模拟信号,16通道数字信号,带宽为100 MHz的数字示波器
Measurement Probe		测量探针	测量电路节点的电量参数
LabVIEW Instruments		LabVIEW 虚拟仪器	LabVIEW 创建的虚拟仪器
NI ELVSmx Instruments		NI ELVSmx 虚拟仪器	NI 公司的虚拟仪器,需安装 NI ELVSmx 软件
Current Probe		电流探针	结合示波器,测试放置电流探针电路的电流波形

5.4 电子电路搭建与仿真

5.1~5.3 节已经介绍 Multisim 的基本界面、常用功能、元器件库和虚拟仪器仪表,下面以共射极单管放大器实验电路为例,通过具体的电子电路仿真实例来逐步介绍仿真软件的使用方法。

仿真电路图搭建是分析和设计工作的第一步,用户从元器件库中选择需要的元器件放置在电路图中并连接起来,为分析和仿真做准备。

图 5-4-1 为电阻分压式工作点稳定的单管放大器实验电路图。它的偏置电路采用 R_{B1} 和 R_{B2} 组成的分压电路,并在发射极中接有电阻($R_E = R_{B1} + R_{B2}$),以稳定放大器的静态工作点。当在放大器的输入端加入输入信号 U_i,在放大器的输出端便可得到一个与 U_i 相位相反,幅值被放大了的输出信号 U_o,从而实现了电压放大。

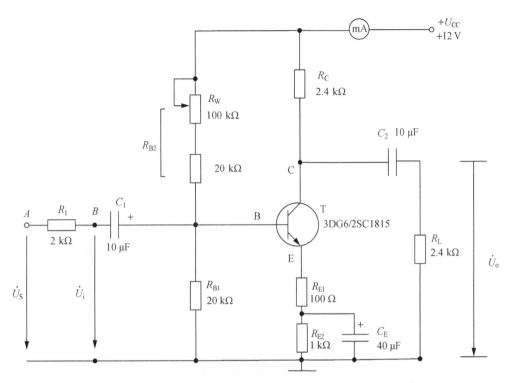

图 5-4-1 共射极单管放大器实验电路图

下面介绍借助 Multisim 搭建该电路并进行仿真的过程。

5.4.1 打开、新建与保存

首先打开 Multisim 仿真软件主界面,如图 5-4-2 所示。

图 5-4-2 Multisim 仿真软件主界面

新建文件：在 File 下拉菜单中，选择"New"命令或单击标准工具栏中的"新建"图标，软件界面会自动新建一个文件名为 Design1 的仿真电路文件，如图 5-4-3 所示。

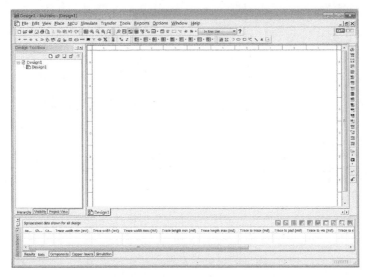

图 5-4-3　新建仿真电路 Design1 界面

文件保存与重命名：点击 File 下拉菜单，选择"Save"命令或点击标准工具栏中的"保存"图标，即可保存当前电路文件。对于新建文件，保存时软件会弹出保存对话框，如图 5-4-4 所示，重新输入文件名保存即可实现文件的重命名。

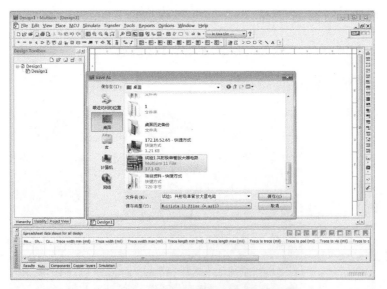

图 5-4-4　文件保存与重命名界面

通过该保存对话框，我们将文件名修改为"试验 1 共射极单管放大电路"，保存位置为"桌面"，点击"保存"后，将在桌面新建一个"试验 1 共射极单管放大电路"的仿真电路文件。

保存后，仿真软件主界面如图 5-4-5 所示。

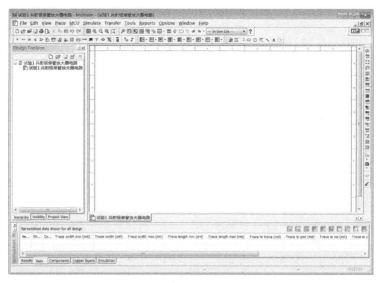

图 5-4-5 "试验 1 共射极单管放大电路"仿真软件主界面

5.4.2 元器件的选择与放置

根据共射极单管放大电路原理图,需搭建如图 5-4-18 的仿真电路图。所需元器件及虚拟仪器包括电源及地(交流电压信号源、12V 供电电源、GND)、元器件(电阻、电解电容、电位器、单刀单掷开关、2SC1815 三极管选择)、虚拟仪器(万用表、示波器)。

元器件排列的原则为按照元器件工具栏(Component)的元器件排列顺序,依次选择电源及地、电阻电容、三极管,之后再选择万用表和示波器。

元器件放置的原则为应尽可能按照原理图的布局进行放置,遵循信号流的方向:左进右出,上供电,下参考地。

电源元器件选择界面如图 5-4-6 所示。本实验需要选择:AC_VOLTAGE(交流电压信号源)、VCC(直流电源)、DGND(参考地)。

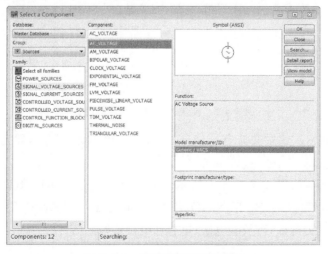

图 5-4-6 电源元器件选择界面

在 POWER_SOURCES 选中 AC_VOLTAGE 元器件后,右侧会出现该器件的参数属性,如图 5-4-6 所示。点击"OK"按钮,在电路图中即可出现一个跟随鼠标移动交流信号电压源,在适当的位置点击鼠标左键,释放该器件,就完成了在指定位置放置交流电压信号源的任务,如图 5-4-7 所示。

图 5-4-7 放置交流电压信号源

双击交流电压信号源或鼠标右键点击并选择"Properties"命令,即弹出该元器件的参数属性对话框(图 5-4-8),通过该对话框可设置或修改交流电压信号源的相关参数,如 Voltage(RMS)(有效值)、Voltage Offset(零点)、Frequency(频率)、Time Delay(时延)等参数。

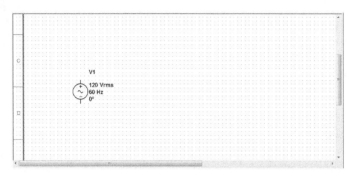

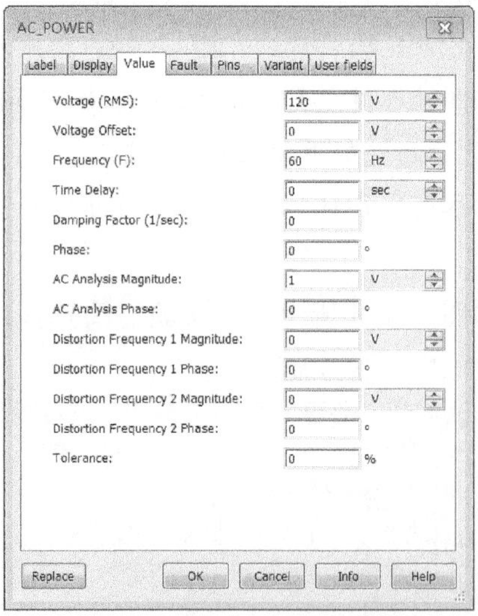

图 5-4-8 交流电压信号源参数设置

按照上述方法依次放置交流电压信号源、12V 供电电源、GND,即完成了电源及地的放置任务。

元器件的选择与放置如图 5-4-9 所示。本实验需要选择 RESISTOR(电阻)、CAP_ELECTROLIT(电解电容)、POTENTIOMETER(电位器)、TRANSISTOR(2SC1815 三极管)。选择 Basic 元器件库,可放置电阻、电容和电位器等元器件。

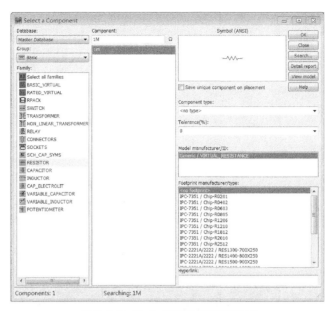

图 5-4-9　Basic 元器件库选择界面

选中 RESISTOR(电阻)元器件后,右侧会出现该器件的参数属性,如图 5-4-9 所示。可直接输入电阻的阻值,如 1 MΩ,单击"OK"按钮,在电路图中即可出现一个跟随鼠标移动的电阻,在适当的位置单击鼠标左键,释放该器件,就完成了在指定位置放置电阻的任务,如图 5-4-10 所示。

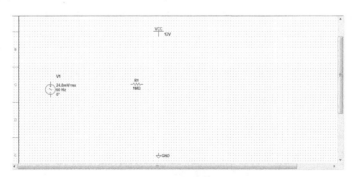

图 5-4-10　放置电阻

双击电阻或鼠标右键点击并选择"Properties"命令,即弹出该元器件的参数属性对话框(图 5-4-11),通过该对话框可设置或修改电阻的相关参数,如 Resistance(R)(电阻值)、Tolerance(误差)、Temperature(温度漂移)等参数。

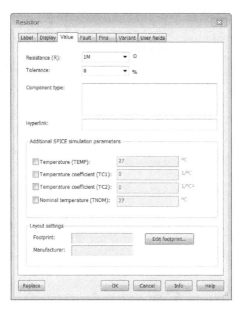

图 5-4-11　交流电压信号源参数设置

按照上述方法依次放置电阻、电解电容、电位器、单刀单掷开关、三极管（Transistor 库中选择 BJT_NPN，再选择 2SC1815），即完成了元器件的放置任务。

虚拟仪器的选择与放置如图 5-4-12 所示。本实验需要选择 Multimeter（万用表）、4 Channel Oscilloscope（四通道示波器）。选择 Simulate 菜单栏中的 Instruments 虚拟仪器仪表栏或直接点击 Instruments 工具栏对应的图标，可放置万用表和示波器。

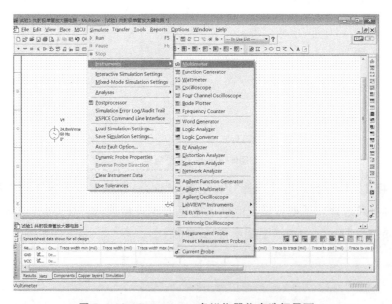

图 5-4-12　Instruments 虚拟仪器仪表选择界面

选中 Multimeter 仪表后，在电路图中即可出现一个跟随鼠标万用表，在适当的位置点击鼠标左键，释放该器件，就完成了在指定位置放置万用表的任务，如图 5-4-13 所示。

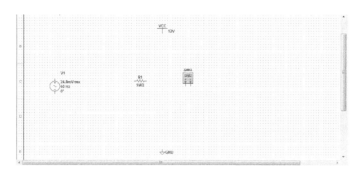

图 5-4-13　放置万用表

双击电阻或鼠标右键点击并选择 Properties 命令,即弹出该元器件的参数属性对话框(图 5-4-14),通过该对话框可设置或修改电阻的相关参数,如测量功能、测量信号等。

图 5-4-14　数字万用表及其操作面板

按照上述方法放置多个万用表和示波器,即完成了虚拟仪器的放置任务。最终放置完成的电路如图 5-4-15 所示。

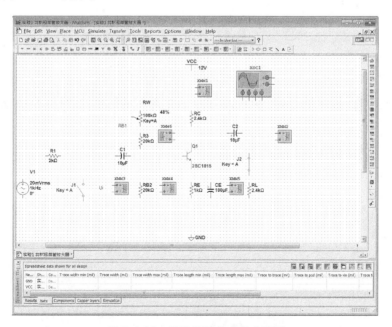

图 5-4-15　最终放置完成的电路图

5.4.3 仿真电路连线

元器件放置完成后,可开始进行电气连线。选择 Place 菜单中的"Wire"命令,鼠标变为"十"字光标,按照原理图连线,将光标移至元器件引脚处单击鼠标(或在需要连线的元器件的引脚处单击鼠标),此时界面显示与鼠标同步的导线,移动鼠标至导线所需要连接的另一个元器件的引脚处,如图 5-4-16 所示。

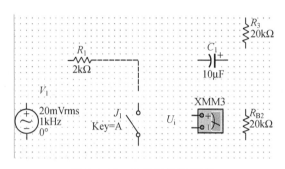

图 5-4-16 单根导线放置图

当引脚上出现红色圆点时,表明该处为导线的电气连接点。单击鼠标即可完成单根导线的连接,如图 5-4-17 所示。

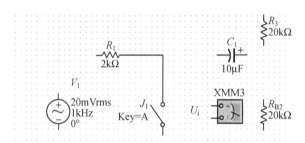

图 5-4-17 单根导线连接图

根据上述方法,按照图 5-4-1 所示,完成仿真电路图的搭建,如图 5-4-18 所示。

第 5 章 ● EDA 仿真实验基础

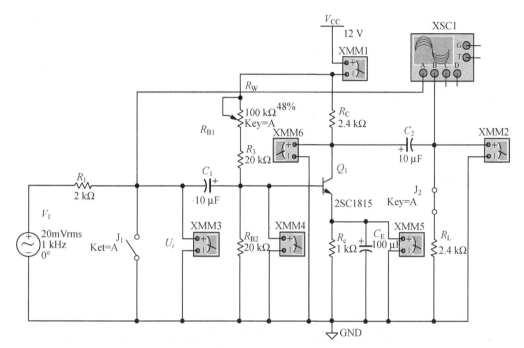

图 5-4-18 共射极单管放大器仿真电路图

5.4.4 电路仿真

按图 5-4-18 搭建完仿真电路后,主要器件的功能及工作方式如表 5-4-1 所示,点击 Simulate 菜单中的"Run"命令或"F5"键或"仿真"按钮 ,即可启动电路仿真,如图 5-4-19 所示。

共射极单管放大器仿真实验的流程如下:

(1) 测量静态工作点

调整或找出最佳的静态工作点,调整静态工作点在交流负载线的中点,放大器的动态输出范围为最大。可通过调整放大器的基极上偏置电阻 $R_{B2}(R_W)$ 来得到。

先将 R_W 调至最大,闭合开关 J_1,使放大器的输入信号为 $0(U_i=0)$。

启动仿真并调节 R_W,使 $I_C=2.0$ mA($U_E=2.0$ V),即 XMM5 的显示值为 2.0 V,此时分别读取 XMM4、XMM5、XMM6 的电压值,分别对应 U_B、U_E、U_C 三个电压,同时记录 $R_{B1}=R_W+R_3$ 的值。

表 5-4-1 主要器件的功能及工作方式

标号	名称	工作方式	功能
V_1	交流信号电压源	频率:1 kHz 幅度:20 mV 有效值 初相位:0°	给放大器提供交流电压信号源
V_{CC}	直流电源	电压:12 V	放大器电路提供直流供电电源

续表

标号	名称	工作方式	功能
GND	参考地电位	0 V	放大器电路参考地电位
R_W	可调电位器	—	调节放大器静态工作点
XMM1	万用表 1	直流电流挡	测量直流电源供电电流
XMM2	万用表 2	交流电压挡	测量放大器输出交流电压有效值 U_o
XMM3	万用表 3	交流电压挡	测量放大器输入交流电压有效值 U_i
XMM4	万用表 4	直流电压挡	测量三极管基极电压 U_B
XMM5	万用表 5	直流电压挡	测量三极管发射极电压 U_E
XMM6	万用表 6	直流电压挡	测量三极管集电极电压 U_C
XSC1	示波器	—	测量放大器输入电压信号 U_i 和输出电压信号 U_o 的波形
J_1	单刀单掷开关	—	闭合 J_1 可测量放大器的直流静态工作点,打开 J_1 可测量放大器交流放大参数
J_2	单刀单掷开关	—	闭合 J_2 可测量放大器的负载放大特性,打开 J_1 可测量放大器的空载放大特性

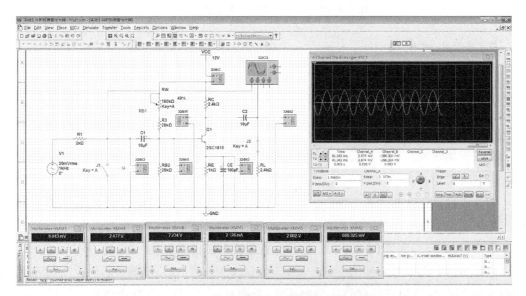

图 5-4-19 共射极单管放大器仿真电路运行图

(2) 测量电压放大倍数

打开开关 J_1,启动仿真,由交流电压信号源 V_1 为放大器提供频率为 1 kHz 的正弦信号;调节 V_1 的输出有效值,用示波器观察放大器输出电压波形(XSC1 通道 2 的波形);在波形不失真的条件下按照表 5-4-2 的三种情况,读取并记录 XMM2 测量的放大器输出电压有效值,并记录示波器的波形,观察输入和输出电压波形的相位关系。

表 5-4-2　共射极单管放大器放大倍数测量表

$R_C/\text{k}\Omega$	$R_L/\text{k}\Omega$	U_o/V	A_u	观察记录一组 U_o 和 U_i 的波形
2.4	∞			
1.2	∞			
2.4	2.4			

（3）观察静态工作点对电压放大倍数的影响

设置 $R_C=2.4\text{ k}\Omega$，$R_L=\infty$，$V_1=10\text{ mV}$，调节 R_W，用示波器监视输出电压波形，在 U_o 不失真的条件下，测量并记录集电极电流 I_C 和输出电压 U_o。

（4）观察静态工作点对输出波形失真的影响

设置 $R_C=2.4\text{ k}\Omega$，$R_L=2.4\text{ k}\Omega$，$V_1=0\text{ mV}$，调节 R_W 使 $I_C=2.0\text{ mA}$，测出 U_{CE} 值，再逐步加大输入信号，使输出电压 U_o 足够大但不失真，然后保持输入信号不变，分别增大和减少 R_W，使波形出现失真，绘出 u_o 的波形，并测出失真情况下的 I_C 和 U_{CE} 值。

（5）测量最大不失真输出电压

设置 $R_C=2.4\text{ k}\Omega$，$R_L=2.4\text{ k}\Omega$，按照实验原理 4 中所述方法，同时调节输入信号的幅度和电位器 R_W，用示波器和万用表测量 U_{OPP} 及 U_o 值。

5.5　电路仿真的基本分析方法

Multisim 软件提供 19 种电路仿真的基本分析方法（表 5-5-1），并且还提供了用户自定义分析方法的功能。

应用每一种分析方法，用户都可以通过设置仿真参数，以设定希望 Multisim 执行的分析操作。用户也可以输入 SPICE 命令自定义分析方法。下面给出仿真分析的一般步骤。

① 选择菜单 Simulate 中的 Analysis 指令，分析方法列表会出现在菜单项中。

② 选择所需要的分析方法。根据所选择的分析方法，会弹出一个对话框（以 AC Analysis 为例，其他可参考）：

Frequency Parameters：用于设置分析方法中的参数。

Output：用于指定要观察的输出变量。

表 5-5-1 电路仿真的基本分析方法

序号	分析方法	功能概述
1	直流工作点分析 (DC Operating Point)	用于确定一个电路的直流工作点
2	交流分析 (AC Analysis)	用于计算线性电路的频率响应,获得电路的幅频特性和相频特性
3	单一频率交流分析 (Single Frequency AC Analysis)	用于分析线性电路在单一频率下的幅度和相位响应
4	瞬态分析 (Transient Analysis)	亦被称为时域暂态分析,用于计算电路的瞬态时域响应
5	傅里叶分析 (Fourier Analysis)	用于对周期信号傅里叶变换的结果进行分析
6	噪声分析 (Noise Analysis)	通过创建电路的噪声模型,计算特定输出节点所对应的电路器件的噪声分布状态
7	噪声系数分析 (Noise Figure Analysis)	基本等同于噪声分析
8	失真分析 (Distortion Analysis)	用于分析使用瞬态分析方法难以确定的信号失真
9	DC 扫描分析 (DC Sweep Analysis)	用于在电路中直流电源的值在指定范围之内变化时,对若干次仿真的结果进行分析
10	灵敏度分析 (Sensitivity Analysis)	根据电路中提供的元件参数,分析计算输出节点电压或电流的敏感度,分析各种元件参数对输出信号的影响,确定电路中各种元件的选型
11	参数扫描分析 (Parameter Sweep Analysis)	根据电路参数(电源值、元器件参数等)在指定范围内的变化,对若干次仿真的结果进行分析
12	温度扫描分析 (Temperature Sweep Analysis)	用于快速确定电路在不同温度下的执行情况
13	零极点分析 (Pole Zero Analysis)	用于根据电路的传输函数计算得到的零极点,分析电路的稳定性
14	传递函数分析 (Transfer Function Analysis)	用于计算电路的交流小信号传输函数,分析输入电阻和输出电阻等
15	最差情况分析 (Worst Case Analysis)	用于分析电路性能中由于元件参数的变动可能导致的极端情况
16	蒙特卡洛分析 (Monte Carlo Analysis)	利用统计学的方法分析元件参数的改变对电路性能的影响
17	线宽分析法 (Trace Width Analysis)	PCB 制版时,用于分析满足在有效电流情况下导线所允许的最小线宽
18	批量分析 (Batched Analysis)	可以通过一个单一解释性指令,对电路进行多项分析,或者对多个电路使用同一方法分析
19	用户自定义分析 (User Defined Analysis)	允许用户自己编写 SPICE 仿真命令,设计用户自己的分析方法

Analysis options：用于修改分析方法中自定义选项的值。

Summary：显示该特定分析方法中所有选项的设置值。

③ 单击对话框中的"OK"按钮，将当前的设置作为将来使用该分析方法的默认的设定值。

④ 单击对话框中的"Simulate"按钮，按照当前设置开始仿真。

下面通过几个仿真实例来介绍几种常用的分析方法。

5.5.1 电阻元器件伏安特性

对电阻元器件伏安特性的分析实际是验证安培定理，测量电阻两端的电压与流过电流之间的关系，可应用 DC 扫描（DC Sweep）分析方法直接形成 U-I 关系曲线，即电阻元器件的伏安特性。以单元电阻（1 Ω）为例说明 DC 扫描分析方法。

搭建如图 5-5-1 所示的测试电路。

选择 Simulate 菜单中 Analysis 子菜单中的"DC Sweep"命令，弹出 DC Sweep Analysis 对话框，参照图 5-5-2，对 Analysis parameters 进行相应设置。

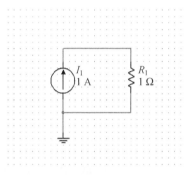

图 5-5-1　电阻伏安特性测试电路

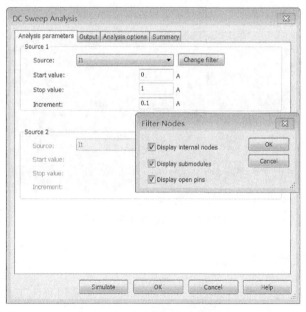

图 5-5-2　DC 扫描分析参数设置

选择 Output 子页面，添加 I(R1) 和 V(1) 两项参数（图 5-5-3），点击"OK"按钮即可保存当前设置的分析参数，点击"Simulate"即可对电路进行 DC 扫描分析。

图 5-5-3　Output 设置

点击"Simulate"后,直接得到电阻伏安特性曲线,如图 5-5-4 所示。

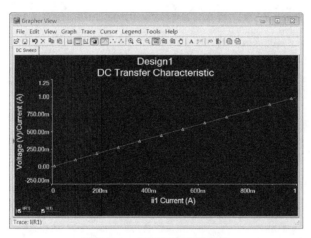

图 5-5-4　电阻伏安特性曲线

5.5.2　共射极单管放大器

共射极单管放大器测试电路如图 5-5-5 所示,接下来采用直流工作点分析和动态分析两种方法,对该电路进行分析。

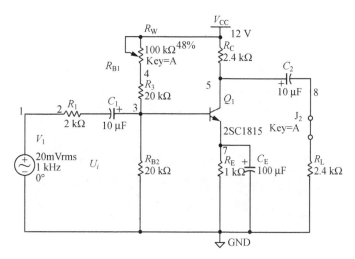

图 5-5-5　共射极单管放大器测试电路

1. 共射极单管放大器直流工作点分析

Multisim 在进行直流工作点分析时，有如下假设：交流电源归零、电容器开路、电感器短路、数字元器件被视为接地的大电阻。

选择 Simulate 菜单中 Analysis 子菜单中的"DC Operating Point"命令，弹出 DC Operating Point Analysis 对话框，参照图 5-5-6 进行相应设置，再单击"Simulate"按钮，分析得到三极管的直流工作点，如图 5-5-7 所示。

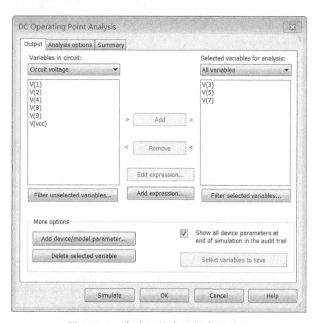

图 5-5-6　直流工作点分析参数设置

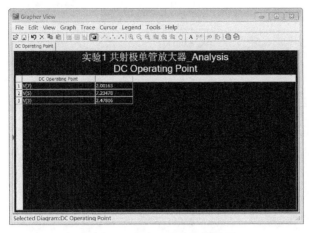

图 5-5-7　直流工作点分析结果

2. 共射极单管放大器动态分析

（1）交流分析

交流分析用于分析共射极单管放大器的频率响应，获得电路的幅频特性和相频特性。选择 Simulate 菜单中 Analysis 子菜单中的"AC Analysis"命令，弹出 AC Analysis 对话框，参照图 5-5-8 所示，进行相应设置，单击"Simulate"按钮，分析得到单管放大器的频率响应，获得电路的幅频特性和相频特性，如图 5-5-9 所示。

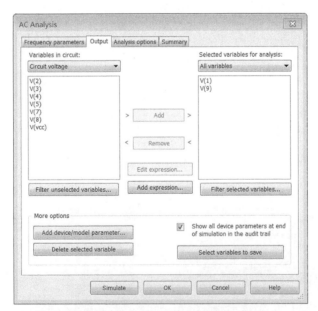

图 5-5-8　单管放大器交流分析设置

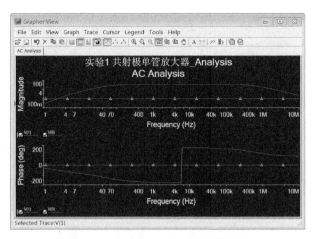

图 5-5-9 单管放大器交流分析结果

(2) 瞬态分析

瞬态分析是一种时域上的分析方法,是在给定输入激励信号时,分析电路输出端的瞬态响应。启动瞬态分析时,只要定义起始时间和终止时间,Multisim 可以自动调节合理的时间步进值,以兼顾分析精度和计算时需要的时间,也可以自行定义时间步长,以满足一些特殊要求。

如图 5-5-5 所示是共射极单管放大器测试电路,通过瞬态分析,观察电路节点 1 和节点 8 电压在一段时间内的变化情况。

选择 Simulate 菜单中 Analysis 子菜单中的"Transient Analysis"命令,弹出 Transient Analysis 对话框,参照图 5-5-10 和 5-5-11 所示,进行相应设置。

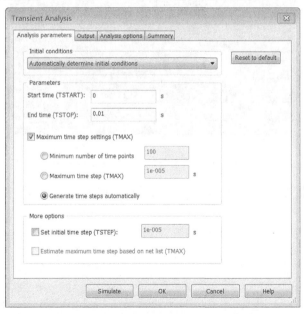

图 5-5-10 瞬态分析设置分析时间范围

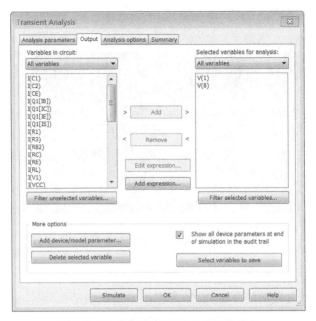

图 5-5-11　瞬态分析设置分析信号节点

单击"Simulate"按钮,分析得到单管放大器的瞬态响应,获得电路的时域特性,如图 5-5-12 所示。

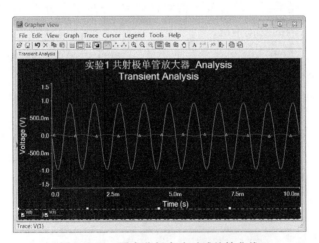

图 5-5-12　瞬态分析电路时域特性曲线

对于其他的分析方法,可以查询帮助文档或在线技术支持,此处不再一一介绍。

第6章 模拟电子实验

6.1 共射极单管放大器

6.1.1 实验目的

① 掌握放大器静态工作点的调试方法,分析静态工作点对放大器性能的影响。
② 掌握电压放大倍数的测试方法,加深对单管放大器放大特性的理解。
③ 观察静态工作点的变化对输出波形的影响。了解 R_C、β、I_C、R_L 变化对电压放大倍数的影响。
④ 掌握单管放大器最大动态范围调整测试方法。
⑤ 测量放大器输入电阻和输出电阻。
⑥ 熟悉常用电子仪器及模拟电路实验设备的使用。

6.1.2 实验原理

图 6-1-1 为电阻分压式工作点稳定的共射极单管放大器实验电路图。它的偏置电路采用 R_{B1} 和 R_{B2} 组成的分压电路,并在发射极中接有电阻 R_E(R_E 由 R_{E1} 与 R_{E2} 串联组成),以稳定放大器的静态工作点。当在放大器的输入端加入输入信号 U_i,在放大器的输出端便可得到一个与 U_i 相位相反,幅值被放大了的输出信号 U_o,从而实现了电压放大。

在图 6-1-1 电路中,当流过偏置电阻 R_{B1} 和 R_{B2} 的电流远大于晶体管 T 的基极电流 I_B 时,则它的静态工作点可用下式估算:

$$U_B \approx \frac{R_{B1}}{R_{B1}+R_{B2}} U_{CC}$$

$$I_C \approx I_E = \frac{U_B - U_{BE}}{R_E}$$

$$U_{CE} = U_{CC} - I_C(R_C + R_E)$$

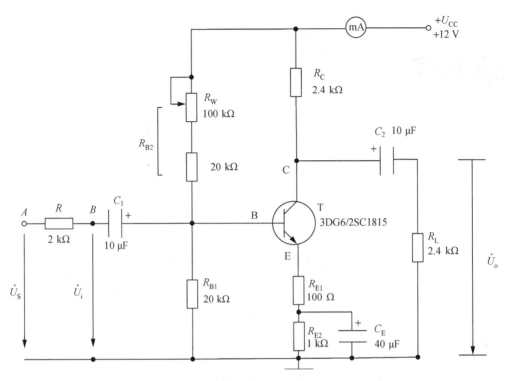

图 6-1-1 共射极单管放大器实验电路

$$I_B = \frac{I_C}{\beta}$$

图 6-1-2 为共射极放大器微变等效电路图，一般情况下，$R_B = R_{B1} /\!/ R_{B2} \gg r_{be}$ [$r_{be} \approx 200\Omega +$ $(1+\beta)\dfrac{26(\mathrm{mV})}{I_E(\mathrm{mA})}$]，$r_{be} \gg R'_L = R_C /\!/ R_L$ 时，可测得中频段动态参数。

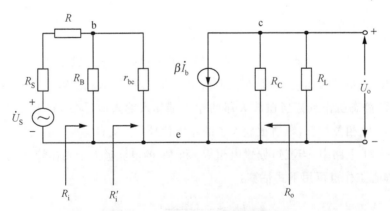

图 6-1-2 共射极放大器微变等效电路

电压放大倍数为 $A_u = -\beta \dfrac{R'_L}{r_{be}}$；

输入电阻为 $R_i = R_B /\!/ r_{be}$；

输出电阻为 $R_o \approx R_C$。

假设 3DG6 的 $\beta=100$，$R_{B1}=20$ kΩ，$R_{B2}=60$ kΩ，$R_C=2.4$ kΩ，$R_L=2.4$ kΩ，估算放大器的静态工作点、电压放大倍数 A_u、输入电阻 R_i 和输出电阻 R_o，并与实验测得值进行比较。

放大器的测量和调试一般包括：放大器静态工作点的测量与调试、放大器动态指标测试、输出电阻的测量、最大不失真输出电压的测量、放大器频率特性的测量、干扰和自激振荡的消除等。

1. 放大器静态工作点的测量与调试

（1）静态工作点的测量

测量放大器的静态工作点，应在输入信号 $U_i=0$ 的情况下进行，即将放大器输入端与地端短接，然后选用量程合适的直流电流表和直流电压表（可用万用表测量电阻压降来换算相应的电流），分别测量晶体管的集电极电流 I_C 及各电极对地的电位 U_B、U_C 和 U_E。实验过程中，为避免断开集电极，采用测量电压，然后算出 I_C 的方法。例如，只要测出 U_E，即可用 $I_C \approx I_E = \dfrac{U_E}{R_E}$，算出 I_C （也可根据 $I_C = \dfrac{U_{CC}-U_C}{R_C}$，由 U_C 确定 I_C），同时也能算出 $U_{BE} = U_B - U_E$，$U_{CE} = U_C - U_E$。为了减小误差，提高测量精度，应选用内阻较高的直流电压表。

（2）静态工作点的调试

放大器静态工作点的调试是指对晶体管集电极电流 I_C（或 U_{CE}）的调整与测试。静态工作点是否合适，对放大器的性能和输出波形都有很大影响。如工作点偏高，放大器在加入交流信号后易产生饱和失真，此时 U_o 的负半周将被削底，如图 6-1-3(a) 所示；如工作点偏低，则易产生截止失真，即 U_o 的正半周被缩顶（一般截止失真不如饱和失真明显），如图 6-1-3(b) 所示。这些情况均不符合不失真放大的要求。所以在选定工作点以后还必须进行动态调试，即在放大器的输入端加入一定幅度的交流电压信号 U_i，检查输出电压 U_o 的大小和波形是否满足要求。如不满足，则应调节静态工作点的位置。

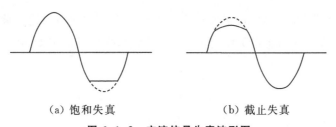

(a) 饱和失真　　　　(b) 截止失真

图 6-1-3　交流信号失真波形图

改变电路参数 U_{CC}、R_C、R_B（R_{B1}、R_{B2}）都会引起静态工作点的变化，如图 6-1-4 所示。但通常多采用调节偏置电阻 R_{B2} 的方法来改变静态工作点，如减小 R_{B2}，则可使静态工作点提高，反之可降低静态工作点。

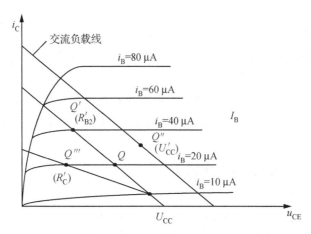

图 6-1-4　电路参数对静态工作点的影响

最后还要说明的是,上面所说的工作点"偏高"或"偏低"不是绝对的,应该是相对信号的幅度而言,如信号幅度很小,即使工作点较高或较低也不一定会出现失真。所以确切地说,产生波形失真是信号幅度与静态工作点设置配合不当所致。如需满足较大信号幅度的要求,静态工作点最好尽量靠近交流负载线的中点。

2. 放大器动态指标测量

放大器动态指标包括电压放大倍数、输入电阻、输出电阻、最大不失真输出电压(动态范围)和通频带等。

(1) 电压放大倍数 A_u 的测量

调整放大器到合适的静态工作点,然后加入输入电压 U_i,在输出电压 U_o 不失真的情况下,用交流毫伏表测出 U_i 和 U_o 的有效值 U_i 和 U_o,则

$$A_u = \frac{U_o}{U_i}$$

(2) 输入电阻 R_i 的测量

为了测量放大器的输入电阻,按图 6-1-5 电路在被测放大器的输入端与信号源之间串入一已知电阻 R,在放大器正常工作的情况下,用交流毫伏表测出 U_S 和 U_i,则根据输入电阻的定义可得

$$R_i = \frac{U_i}{I_i} = \frac{U_i}{\frac{U_R}{R}} = \frac{U_i}{U_S - U_i} R$$

测量时应注意:

① 由于电阻 R 两端没有电路公共接地点,所以测量 R 两端电压 U_R 时必须分别测出 U_S 和 U_i,然后按 $U_R = U_S - U_i$,求出 U_R 值。

② 电阻 R 的值不宜取得过大或过小,以免产生较大的测量误差,通常取 R 与 R_i 为同一数量级为好,本实验可取 R 为 1~2 kΩ。

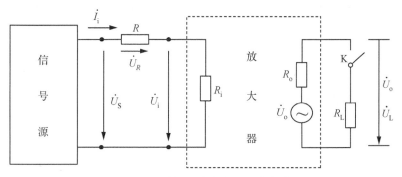

图 6-1-5 输入、输出电阻测量电路

(3) 输出电阻 R_o 的测量

按图 6-1-5 电路,在放大器正常工作条件下,测出输出端不接负载 R_L 的输出电压 U_o 和接入负载后的输出电压 U_L,根据

$$U_L = \frac{R_L}{R_o + R_L} U_o$$

可求出 R_o,即

$$R_o = \left(\frac{U_o}{U_L} - 1\right) R_L$$

在测试中应注意,必须保持 R_L 接入前输入信号的大小不变。

(4) 最大不失真输出电压 U_{OPP} 的测量(最大动态范围)

如上所述,为了得到最大动态范围,应将静态工作点调在交流负载线的中点。为此在放大器正常工作情况下,逐步增大输入信号的幅度,并同时调节 R_W(改变静态工作点),用示波器观察 U_o,当输出波形同时出现削底和缩顶现象(图 6-1-6)时,说明静态工作点已调在交流负载线的中点。然后反复调整输入信号,使波形输出幅度最大,且无明显失真时,用交流毫伏表测出 U_o(有效值),则动态范围等于 $2\sqrt{2} U_o$,或用示波器直接读出 U_{OPP}。

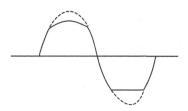

图 6-1-6 静态工作点正常,输入信号太大引起的失真

(5) 放大器频率特性的测量

放大器的频率特性是指放大器的电压放大倍数 A_u 与输入信号频率 f 之间的关系曲线。单管阻容耦合放大器的幅频特性曲线如图 6-1-7 所示,A_{um} 为中频电压放大倍数,通常规定电压放大倍数随频率变化下降到中频放大倍数的 $1/\sqrt{2}$,即 $0.707 A_{um}$ 所对应的频率分别称为下限频率 f_L 和上限频率 f_H,则通频带 $f_{BW} = f_H - f_L$。

放大器的幅频特性就是测量不同频率信号时的电压放大倍数 A_u。为此,可采用前述测 A_u 的方法,每改变一个信号频率,测量其相应的电压放大倍数。测量时应注意取点要恰当,在低频段与高频段多测几点,在中频段可以少测几点。此外,在改变频率时,要保持输入信号的幅度不变,且输出波形不得失真。

（6）干扰和自激振荡的消除

参考实验附录1。

6.1.3 实验设备与器件

① +12 V 直流电源；

② 函数信号发生器；

③ 双踪示波器；

④ 交流毫伏表；

⑤ 直流电压表；

⑥ 直流毫安表；

⑦ 频率计；

⑧ 万用电表；

⑨ 三极管 3DG6(β=50～100)或 9011(管脚排列如图 6-1-8 所示)1 只；

⑩ 电阻器、电容器若干。

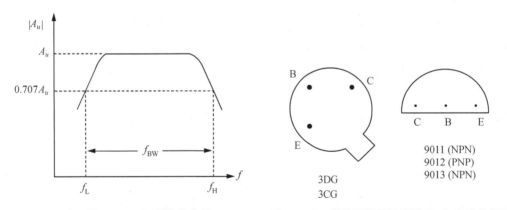

图 6-1-7　幅频特性曲线　　　　图 6-1-8　常见三极管引脚图(脚向上时俯视图)

6.1.4 实验内容

实验电路如图 6-1-1 所示。各电子仪器可按附录中图示方式连接,为防止干扰,各仪器的公共端必须连在一起,同时函数信号发生器输出和示波器的引线应采用电缆线或屏蔽线连接,如使用屏蔽线,则屏蔽线的外包金属网应接在公共接地端上。

1. 测量静态工作点

调整或找出最佳的 I_{BQ},调整静态工作点在交流负载线的中点,放大器的动态输出范围为最大,可采取调整放大器的基极上偏置电阻 $R_{B2}(R_W)$ 来得到。

接通电源前,先将 R_W 调至最大,将放大器输入端 A 点与地短接,使放大器的输入信号为 $0(U_i=0)$。

接通 +12 V 电源、调节 R_W,使 $I_C=2.0$ mA($U_E=2.0$ V),用万用表直流电压挡分别测量 U_B、U_E、U_C,用电阻挡测量 R_{B2} 值。将实验数据记入表 6-1-1。

表 6-1-1 实验数据记录表($I_C=2$ mA)

测量值				计算值		
U_B/V	U_E/V	U_C/V	R_{B2}/kΩ	U_{BE}/V	U_{CE}/mV	I_C/mA

2. 测量电压放大倍数

将输入端 A 点与地断开,在放大器输入端 A 点加入频率为 1 kHz 的正弦信号 U_S,调节函数信号发生器的输出旋钮使 $U_i=10$ mV(有效值),同时用示波器观察放大器输出电压 U_o 的波形,在波形不失真的条件下用交流毫伏表测量下述三种情况下的 U_o 值,并用双踪示波器观察 U_o 和 U_i 的相位关系,记入表 6-1-2。

表 6-1-2 $I_C=2.0$ mA $U_i=$ mV

R_C/kΩ	R_L/kΩ	U_o/V	A_u	观察记录一组 U_o 和 U_i 的波形
2.4	∞			
1.2	∞			
2.4	2.4			

3. 观察静态工作点对电压放大倍数的影响

置 $R_C=2.4$ kΩ,$R_L=\infty$,U_i 适量,调节 R_W,用示波器监视输出电压波形,在 U_o 不失真的条件下,测量数组 I_C 和 U_o 值,记入表 6-1-3。

表 6-1-3 $R_C=2.4$ kΩ $R_L=\infty$ $U_i=$ mV

I_C/mA			2.0		
U_o/V					
A_u					

测量 I_C 时,要先将信号源输出旋钮调至零($U_i=0$ V)。

4. 观察静态工作点对输出波形失真的影响

置 $R_C=2.4$ kΩ,$R_L=2.4$ kΩ,$U_i=0$ V,调节 R_W 使 $I_C=2.0$ mA,测出 U_{CE} 值,再逐步加大输入信号,使输出电压 U_o 足够大但不失真,然后保持输入信号不变,分别增大和减少 R_W,使波形出现失真,绘出 U_o 的波形,并测出失真情况下的 I_C 和 U_{CE} 值,记入表 6-1-4 中。每次测 I_C 和 U_{CE} 值时都要将信号源的输出旋钮旋至零。

表 6-1-4　$R_C=2.4\ \text{k}\Omega$　$R_L=2.4\ \text{k}\Omega$　$U_i=$　　mV

I_C/mA	U_{CE}/V	U_o波形	失真情况	管子工作状态
2.0				

5. 测量最大不失真输出电压

置 $R_C=2.4\ \text{k}\Omega$，$R_L=2.4\ \text{k}\Omega$，按照实验原理4中所述方法，同时调节输入信号的幅度和电位器 R_W，用示波器和交流毫伏表测量 U_{OPP} 及 U_o 值，记入表6-1-5。

表 6-1-5　$R_C=2.4\ \text{k}\Omega$　$R_L=2.4\ \text{k}\Omega$

I_C/mA	U_{im}/mV	U_{CM}/V	U_{OPP}/V

6. 测量输入电阻和输出电阻

置 $R_C=2.4\ \text{k}\Omega$，$R_L=2.4\ \text{k}\Omega$，$I_C=2.0\ \text{mA}$，输入 $f=1\ \text{kHz}$ 的正弦信号，在输出电压 U_o 不失真的情况下，用交流毫伏表测出 U_S、U_i 和 U_L，并将其记入表6-1-6。

保持 U_S 不变，断开 R_L，测量输出电压 U_o，记入表6-1-6。

表 6-1-6　$I_C=2\ \text{mA}$　$R_C=2.4\ \text{k}\Omega$　$R_L=2.4\ \text{k}\Omega$

U_S/mV	U_i/mV	R_i/kΩ		U_L/V	U_o/V	R_o/kΩ	
		测量值	计算值			测量值	计算值

7. 测量幅频特性曲线

取 $I_C=2.0\ \text{mA}$，$R_C=2.4\ \text{k}\Omega$，$R_L=2.4\ \text{k}\Omega$。保持输入信号 U_i（或 U_S）的幅度不变，改变信号源频率 f，逐点测出相应的输出电压 U_o，记入表6-1-7。

表 6-1-7　$U_i =$　　 mV

类型	低频	中频	高频
f/kHz			
U_o/V			
$A_u = U_o/U_i$			

为了频率 f 取值合适,可先粗测一下,找出中频范围,然后再仔细读数。

【注意】 本实验内容较多,其中第 6、第 7 个小实验可作为选做内容。

6.1.5　EDA 实验仿真

应用 Multisim 软件,参照实验电路图 6-1-1 所示,按照以下顺序搭建仿真实验电路图。

① 将实验元器件按照原理图的排列方式从左至右依次排列,电路左侧为输入端口,右侧为输出端口;

② 将信号发生器输出调为 1 kHz、20 mVrms,接入放大器的输入端,作为电路的输入信号;

③ 选择合适的测量工具,分别测量电路中各节点及支路的电压和电流;

④ 选用合适的示波器,分配好示波器的测量端口,用示波器观察信号的输入和输出波形;

⑤ 参照第四部分实验内容进行相应实验参数的测量,并对照表格填写相应的实验测试数据。

如图 6-1-9 所示为按照实验原理图及实验要求搭建的仿真实验电路图。其中,J_1 为测试静态工作点时的短路开关,万用表 XMM1～XMM6 分别测量 I_C、U_o、U_i、U_B、U_E、U_C。万用表 XMM1 和 XMM3 工作在交流电压挡,其他万用表工作在直流电压挡,示波器 XSC1 通道 A 测量输入电压信号 U_i 的波形,通道 B 测量输出电压信号 U_o 的波形。

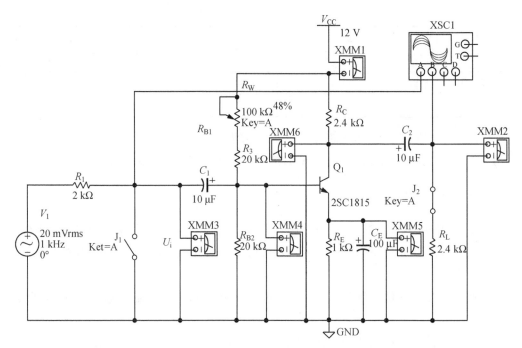

图 6-1-9 共射极单管放大器实验仿真电路

6.1.6 注意点

① 搭接电路时切勿带电操作;

② 搭接实验电路时,务必保证线路、仪器的地线搭接正常;

③ 先选择合适的静态工作点,再进行放大倍数的测量;

④ 搭接测量仪器时务必遵循实验仪器的使用要求,注意正负极;

⑤ 实验结束后,务必整理好实验室桌面仪器,保存好实验数据。

6.1.7 实验报告撰写要求

① 叙述共射极单管放大器的工作原理;

② 实验电路搭建与测试;

③ 列表整理测量结果,并把实测静态工作点、电压放大倍数、输入电阻、输出电阻之值与理论计算值比较(取一组数据进行比较),分析产生误差的原因;

④ 总结 R_C、R_L 及静态工作点对放大器电压放大倍数、输入电阻、输出电阻的影响;

⑤ 讨论静态工作点变化对放大器输出波形的影响;

⑥ 分析讨论在调试过程中出现的问题。

6.1.8 思考题

① 若 R_W 串接在 R_{B2} 与地之间,能否起到调节静态工作点的作用?

② 射极 R_E 和 C_E 分别起到什么作用？如果不加这两个器件对电路的输出有什么影响？

6.2 负反馈放大器

6.2.1 实验目的

① 加深理解放大电路中引入负反馈的方法和负反馈对放大器各项性能指标的影响。
② 掌握基本放大器与负反馈放大器间的联系与区别。
③ 比较按深度负反馈估算电压放大倍数和其测量值。
④ 了解放大器的自激振荡产生原因，并消除自激振荡。

6.2.2 实验原理

负反馈在电子电路中有着非常广泛的应用。虽然它使放大器的放大倍数降低，但能在多方面改善放大器的动态指标，如稳定放大倍数，改变输入、输出电阻，减小非线性失真和展宽通频带等。因此，几乎所有的实用放大器都带有负反馈。

负反馈放大器有四种组态，即电压串联、电压并联、电流串联、电流并联，本实验以电压串联负反馈为例，分析负反馈对放大器各项性能指标的影响。

图 6-2-1 为带有负反馈的两级阻容耦合放大电路，在电路中通过 R_f 把输出电压 $\dot{U}_o$ 引回到输入端，加在晶体管 T_1 的发射极上，在发射极电阻 R_{f1} 上形成反馈电压 $\dot{U}_f$。根据反馈的判断法可知，它属于电压串联负反馈。

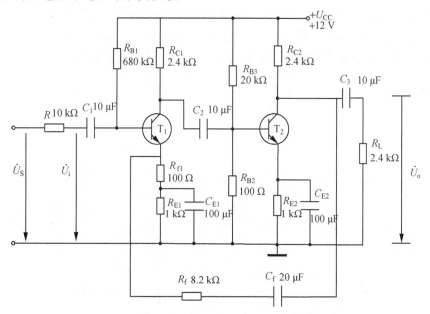

图 6-2-1 带有电压串联负反馈的两级阻容耦合放大器

负反馈放大器主要性能指标如下。

(1) 闭环电压放大倍数 A_{uf}

$$A_{uf}=\frac{A_u}{1+A_uF_u}$$

式中,$A_u=U_o/U_i$——基本放大器(无反馈)的电压放大倍数,即开环电压放大倍数;

$1+A_uF_u$——反馈深度,它的大小决定了负反馈对放大器性能改善的程度。

(2) 反馈系数 F_u

$$F_u=\frac{R_{f1}}{R_f+R_{f1}}$$

(3) 输入电阻 R_{if}

$$R_{if}=(1+A_uF_u)R'_i$$

式中,R'_i——基本放大器的输入电阻(不包括偏置电阻)。

(4) 输出电阻 R_{of}

$$R_{of}=\frac{R_o}{1+A_{uo}F_u}$$

式中,R_o——基本放大器的输出电阻;

A_{uo}——基本放大器 $R_L=\infty$ 时的电压放大倍数。

本实验还需要测量基本放大器的动态参数,如何实现无反馈而得到基本放大器呢? 不能简单地断开反馈支路,而是要去掉反馈作用,但又要把反馈网络的影响(负载效应)考虑到基本放大器中去。在画基本放大器时,应遵循以下两条规律。

① 在画基本放大器的输入回路时,因为是电压负反馈,所以可将负反馈放大器的输出端交流短路,即令 $U_o=0$,此时 R_f 相当于并联在 R_{f1} 上;

② 在画基本放大器的输出回路时,由于输入端是串联负反馈,因此需将反馈放大器的输入端(T_1 管的射极)开路,此时 (R_f+R_{f1}) 相当于并联在输出端。可近似认为 R_f 并联在输出端。

根据上述规律,就可得到所要求的如图 6-2-2 所示的基本放大器。

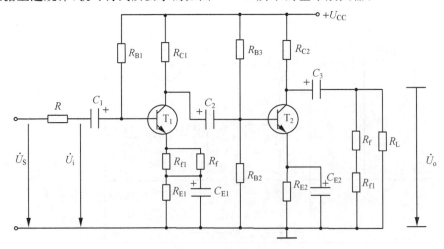

图 6-2-2 基本放大器

6.2.3 实验设备与器件

① +12 V 直流电源;
② 函数信号发生器;
③ 双踪示波器;
④ 频率计;
⑤ 交流毫伏表;
⑥ 直流电压表;
⑦ 晶体三极管 3DG6(β=50~100)或 9011 共 2 个;
⑧ 电阻器、电容器若干。

6.2.4 实验内容

1. 测量静态工作点

按图 6-2-1 连接实验电路,取 U_{CC}=+12 V,U_i=0,用直流电压表分别测量第一级、第二级的静态工作点,记入表 6-2-1。

表 6-2-1 静态工作点数据

项目	设定条件	估算值			测量值		
放大器	U_E/V	U_B/V	U_C/V	I_C/mA	U_B/V	U_C/V	I_C/mA
第 1 级	2.0						
第 2 级	2.0						
结果评价							

2. 测试基本放大器的各项性能指标

将实验电路按图 6-2-2 改接,即把 R_f 断开分别并在 R_{f1} 和 R_L 上,其他连线不动,取 U_{CC}=12 V,各仪器连接方法同实验一。

(1) 测量开环中频电压放大倍数 A_u,输入电阻 R_i 和输出电阻 R_o。

在上述条件下,加入正弦波信号 U_S 使得 U_S=5.0 mV(f=1 kHz),用示波器或交流毫伏表测量 U_i、U_{o1} 和第 2 级 U_{o2},接入负载电阻 R_L=2.4 kΩ 后,再测量输出电压 U_{o2L},将测量数据和计算结果填入表 6-2-2(保留 1 位小数)。

表 6-2-2 测量计算结果

测量值					折算值		
信号源	输入电压	第 1 级输出	第 2 级输出	接入负载电阻 R_L 后第 2 级输出	增益	输入电阻	输出电阻
U_S/mV	U_i/mV	U_{o1}/V	U_{o2}/V	U_{o2L}/V	A_u	R_i/kΩ	R_o/kΩ
5.0							

(2) 测量闭环中频电压放大倍数 A_u，输入电阻 R_i 和输出电阻 R_o。

接通反馈网络，加入正弦波信号 U_S，使得 $U_S=5.0$ mV（$f=1$ kHz，用示波器或毫伏表测量 U_i、U_{o1} 和 U_{o2}，接入负载 $R_L=2.4$ kΩ 后，再测量 U_{o2L}，将测量数据和计算结果填入表 6-2-3（保留 1 位小数）。

表 6-2-3　闭环中频电压放大倍数及输入输出电阻计算表

测量值					折算值		
信号源	输入电压	第 1 级输出	第 2 级输出	接入负载电阻 R_L 后第 2 级输出	增益	输入电阻	输出电阻
U_S/mV	U_i/mV	U_{o1}/V	U_{o2}/V	U_{o2L}/V	A_u	R_i/kΩ	R_o/kΩ
5.0							

(3) 测量通频带

使放大器先后处于开环和闭环状态，加入正弦波 $f≈1$ kHz，作为通频带频率 f_M；用示波器或毫伏表测量 U_{o2}，使得测量输出电压 $U_{o2}=(2-4)$ V，保持输入信号 U_i 幅度不变，调整信号 f，分别测出放大器截止频率 f_L 和 f_H（幅度降为通频带时的 0.7），将测量数据和折算结果填入表 6-2-4（保留 1 位小数）。

表 6-2-4　通频带测试表

电路状态	输入电压 U_i/mV	输出电压 U_{o2}/V	下限截止频率 f_L/Hz	上限截止频率 f_H/Hz	折算带宽 BW/Hz
开环					
闭环					

(4) 测试负反馈放大器的各项性能指标

将实验电路恢复为图 6-2-1 的负反馈放大电路。适当加大 U_S（约 10 mV），在输出波形不失真的条件下，测量负反馈放大器的 A_{uf}、R_{if} 和 R_{of}，记入表 6-2-3；测量 f_H 和 f_L，记入表 6-2-4。

(5) 观察负反馈对非线性失真的改善

① 实验电路改接成基本放大器形式，在输入端加入 $f=1$ kHz 的正弦信号，输出端接示波器，逐渐增大输入信号的幅度，使输出波形出现失真，记下此时的波形和输出电压的幅度。

② 再将实验电路改接成负反馈放大器形式，增大输入信号幅度，使输出电压幅度的大小与 D 相同，比较有负反馈时输出波形的变化。

6.2.5　EDA 实验仿真

应用 Multisim 软件，参照实验电路图 6-2-1 所示，搭建仿真实验电路图。

① 将实验元器件按照原理图的排列方式从左至右依次排列，电路左侧为输入端口，右

侧为输出端口；

② 将信号发生器输出调为 1 kHz、5 mVrms，接入放大器的输入端，作为电路的输入信号；

③ 选择合适的测量工具，分别测量电路中各节点及支路的电压和电流；

④ 选用合适的示波器，分配好示波器的测量端口，用示波器观察信号的输入和输出波形；

⑤ 参照实验内容进行相应实验参数的测量，并按照对应表格填写相应的实验测试数据。

如图 6-2-3 所示为按照实验原理图及实验要求搭建的仿真实验电路图。万用表 XMM1~XMM9 分别测量各支路电压和电流，可设置万用表使其工作在交流电压挡或直流电压挡，示波器 XSC1 通道 A 测量输入电压信号 U_i 的波形，通道 B 测量输出电压信号 U_o 的波形。

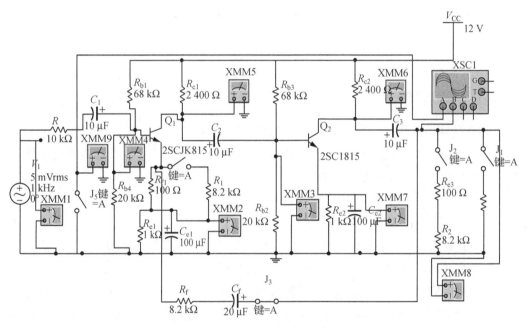

图 6-2-3　仿真实验电路图

6.2.6　注意点

① 搭接电路时切勿带电操作；

② 搭接实验电路时，务必保证线路、仪器的地线搭接正常；

③ 先选择合适的静态工作点，再进行放大倍数的测量；

④ 搭接测量仪器时务必遵循实验仪器的使用要求，注意正负极；

⑤ 实验结束后，务必整理好实验室桌面仪器，保存好实验数据。

6.2.7　实验报告撰写要求

① 叙述负反馈放大器的工作原理；

② 实验电路搭建与测试；
③ 将基本放大器和负反馈放大器动态参数的实测值和理论估算值列表进行比较；
④ 根据实验结果，总结电压串联负反馈对放大器性能的影响；
⑤ 分析讨论在调试过程中出现的问题。

6.2.8 思考题

① 试判断图 6-2-1 所示的反馈电路是哪种组态？
② 试分析负反馈如何实现对非线性失真情况的改善？

6.3 集成运算放大器指标测试

6.3.1 实验目的

① 熟悉并掌握运算放大器主要指标的测试方法。
② 本实验通过对集成运放 μA741 的各类指标参数的测试，进一步了解集成运放器件的主要参数的定义和表示方法。

6.3.2 实验原理

集成运算放大器是一种线性集成电路，它用性能指标来衡量质量的优劣，通常是由专用仪器进行测试，本实验用简易方法来对集成运放进行测试。

本实验用 μA741(F007) 集成运放，引脚排列如图 6-3-1 所示，为一块八脚双列直插式组件，1 脚为失调调零端，1、5 两脚之间可接入一只几十千欧姆的电位器，并将电位器滑动臂触点接到负电源端，2 脚为反相输入端，3 脚为同相输入端，4 脚为负电源端，5 脚为失调零端；6 脚为输出端，7 脚为正电源端，8 脚为空脚。

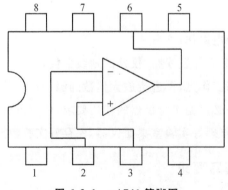

图 6-3-1　μA741 管脚图

1. **输入失调电压 U_{OS}**

理想的运算放大器组件,当输入信号为零时,其输出也为零。但是,即使是最优质的集成组件,由于运放内部差动输入级参数的不完全对称导致输出电压往往不为零,这种零输入时输出不为零的现象,称为集成运算放大器的失调。

输入失调电压 U_{OS} 是指输入信号为零时,输出端出现的电压折算到同相输入端的数值。

失调电压测试电路如图 6-3-2 所示。

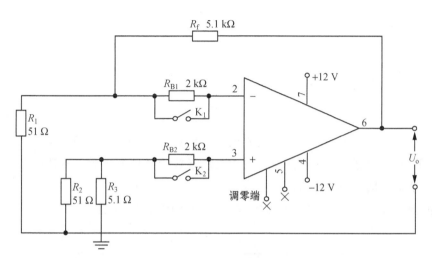

图 6-3-2 U_{OS}、I_{OS} 测试电路图

测试时,先闭合开关 K_1 与 K_2,使电阻 R_B 短接,此时测得的输出电压 U_{oe} 即为输出失调电压,那么输入失调电压 U_{OS} 可通过下式计算得到

$$U_{OS} = \frac{R_1}{R_1 + R_f} \cdot U_{o1}$$

实际测出的 U_{o1} 可能为正,也可能为负,高质量的运算放大器的 U_{OS} 一般应在 1 mV 以下。

【**注意**】① 将运放调零端 1、5 脚开路;② 要求电阻 R_1 与 R_2,R_3 与 R_F 的参数应严格对称。

2. **输入失调电流 I_{OS}**

输入失调电流 I_{OS} 是指当输出信号为零时,运算放大器的两个输入端的基极偏置电流之差,即

$$I_{OS} = |I_{B1} - I_{B2}|$$

输入失调电流的大小反映了运放内部差动输入级的两个晶体管 β 的失配度,由于 I_{B1}、I_{B2} 本身的数值已达到微安级(很小),因此它们的差值通常不是直接测量的。再看图 6-3-2 所示的测试电路。

① 闭合开关 K_1、K_2,在低输入电阻下,测出输出电压 U_{o1},如前所述,这是由于输入失

调电压 U_{OS} 所引起的输出电压；

② 断开 K_1、K_2，两个输入电阻 R_B 就接入电路，由于 R_B 阻值较大，流经它们的输入电流的差异将成为输入电压的差异。因此，会影响输出电压的大小。可见测出两个电阻 R_B 接入时的输出电压 U_{O2}，从中扣除输入失调电压 U_{OS} 的影响，那么，输入失调电流 I_{OS} 为

$$I_{OS} = |I_{B1} - I_{B2}| = |U_{O1} - U_{O2}| \cdot \frac{R_1}{R_1 + R_f} \cdot \frac{1}{R_B}$$

一般，I_{OS} 在 100 nA 以下。

【注意】 ① 将运放调零端开路；② 两输入端电阻 R_B 必须精确相等。

3. 开环差模放大倍数 A_{ud}

集成运放在没有外部反馈时的直流差模放大倍数称为开环差模电压放大倍数，用 A_{ud} 表示。它定义为开环输出电压 U_o 与两个差分输入端之间所加信号电压 U_{id} 之比

$$A_{ud} = \frac{U_o}{U_{id}}$$

按定义 A_{ud} 应是信号频率为零时的直流放大倍数，但为了测试方便，通常采用低频（几十赫兹以下）正弦交流信号进行测量。由于集成运放的开环电压放大倍数很高，难以直接进行测量，所以一般采用闭环测量方法。

A_{ud} 的测试方法很多，本实验采用交、直流同时闭环的测试方法，如图 6-3-3 所示。

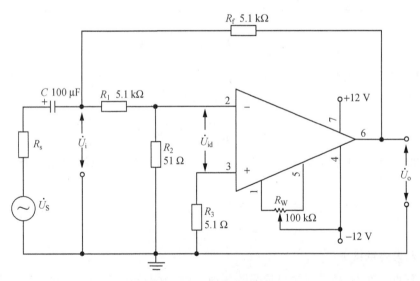

图 6-3-3 A_{ud} 测试电路图

图 6-3-3 中，R_F、R_1、R_2 组成直流闭环，抑制输出电压 U_o 的漂移；R_f、R_S 形成交流闭环，信号 U_S 经 R_1、R_2 分压，使 U_{id} 足够小，这样，保证本运算放大器工作在线性区，同相输入端电阻 R_3 与反相输入端电阻 R_2 匹配，以减小输入偏置电流的影响；C 为隔直电容。

被测运放的开环电压放大倍数为

$$A_{ud} = \frac{U_o}{U_{id}} = \left(1 + \frac{R_1}{R_2}\right) \cdot \frac{U_o}{U_i}$$

【注意】 ① 在测试前电路应首先消振与调零;② 使被测运算放大器工作在线性位置; ③ 输入信号频率为 50—100 Hz,输出信号幅度控制在较小状态,应无明显失真。

4. 共模抑制比 CMRR

集成运算放大器的差模放大倍数 A_d 与共模放大倍数 A_c 之比称为共模抑制比,符号为 K_{CMR},单位是分贝(dB)。

$$K_{CMR} = \frac{A_d}{A_c} \text{ 或 } K_{CMR} = 20\lg\frac{A_d}{A_c}(dB)$$

共模抑制比是一个很重要的参数,如果是理想运放,其对输入的共模信号输出为零。但在实际的集成运放中,其输出不可能没有共模信号成分,在输出端,共模信号愈小,表明电路对称性愈好,共模抑制比愈大。

CMRR 测试电路如图 6-3-4 所示。

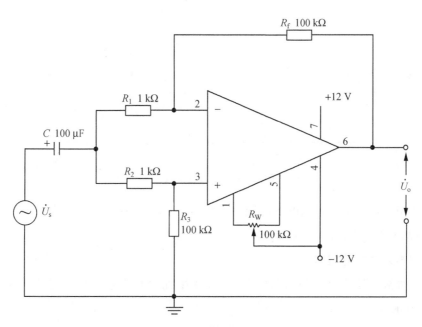

图 6-3-4　CMRR 测试电路

集成运放工作在闭环状态下的差模放大倍数为

$$A_d = -\frac{R_f}{R_1}$$

当接入共模输入信号 U_{ic} 时,测得 U_{oc},那么共模放大倍数为

$$A_c = \frac{U_{oc}}{U_{ic}}$$

得共模抑制比

$$K_{CMR} = \left|\frac{A_d}{A_c}\right| = \frac{R_f}{R_1} \cdot \frac{U_{ic}}{U_{oc}}$$

【注意】 ① 必须消振与调零;② R_1 与 R_2、R_3 与 R_f 之间阻值必须严格对称;③ 输入信

号 U_{ic} 的幅度必须小于集成运放的最大共模输入电压 U_{icm}。

5. 最大共模输入电压 U_{icm}。

集成运算放大器所能承受的最大共模电压称为最大共模输入电压,如超出这个值,运放的共模抑制比就会很快下降,输出波形产生失真或运放出现"自锁"现象,直到永久性损坏。

U_{icm} 的测试电路如图 6-3-5 所示。

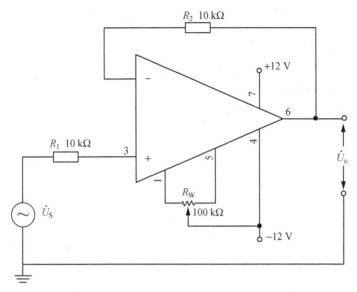

图 6-3-5 U_{icm} 测试电路

本实验中的被测运放接成电压跟随器的形式,输出端接示波器,以观察最大不失真输出波形,以此来确定 U_{icm} 值。

6. 输出电压的峰峰值 U_{opp}

集成运算放大器的动态范围与电源电压、外接负载及信号源频率有关。测试电路如图 6-3-6 所示。

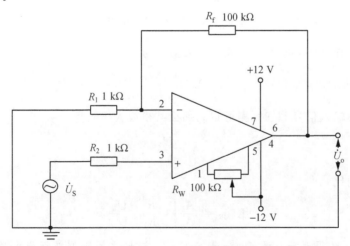

图 6-3-6 U_{opp} 测试电路

测试中改变 U_s 幅度,观察 U_o 波形削顶失真开始的时间,从而确定 U_o 的不失真范围,这就是运放在一定电源电压下的可能输出的电压峰峰值 U_{opp}。

7. 集成运算放大器在使用时的注意事项

① 输入信号选用交、直流均可,选取信号的频率和幅度时应考虑运放的频响特性和输出幅度的限制。

② 调零,这样能保证输入为零时,输出也为零。如运放有外接调零端子时,可按组件要求接入调零电位器 R_W。调零时,输入端接地,调零端接入电位器 R_W,用直流电压表测量输出电压 U_o,调节 R_W,使 $U_o=0$(失调电压为零)。如运放没有调零端,可按图 6-3-7 所示电路进行调零。

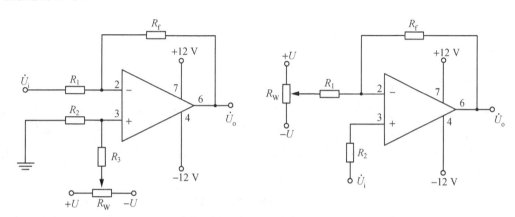

图 6-3-7 调零电路

运放不能调零,大致的原因如下:

a. 组件良好,接线有错;

b. 组件良好,负反馈不够强(R_f/R_1 太小),可将 R_f 短路,观察调零情况;

c. 组件良好,共模输入电压太低,出现自馈,可将电源断开,重新接通,若恢复正常,即为此原因。

d. 组件良好,电路存有自激,应首先消振。

e. 组件内部损坏,应更换。

③ 消振,若运放自激,表现为输入信号为零,但仍有输出,这样使各种运算功能无法实现,严重时还要损坏元器件。在实验中,可用示波器监视输出波形。为消除自激,可采用以下措施:

a. 如果运放有相位补偿端子,可利用外接 RC 补偿电路(在介绍产品的手册中有补偿电路及元件参数提供);

b. 电路布线、元器件布局应减少分布电容;

c. 在正、负电源进线与地线之间接上几十微法的电解电容和 $0.01\sim0.1~\mu F$ 陶瓷电容相并联的电路,以减少电源引线的影响;

d. 消除自激的方法可参阅实验附录。

6.3.3 实验器材

① +12 V 直流电源；

② 函数信号发生器；

③ 双踪示波器；

④ 交流毫伏表；

⑤ 直流电压表；

⑥ μA741(集成运放)或 LM741；

⑦ 电阻器、电容器若干。

6.3.4 实验内容

① 连接好相应的电路，经检查无误，接入电源。

② 测量输入失调电压 U_{OS} 和输入失调电流 I_{OS}。

按失调电压测试电路连接。连通正负电源，用万用表直流电压挡测量输出端电压，记录第 1 次测量的输出电压 U_{o1}；将运放两输入端各串接一个 2 kΩ 电阻，通电后记录第 2 次测量的输出电压 U_{o2}；并算出输入失调电流，将测量值和折算值(选择合适单位，保留 2 位有效数字)填入表 6-3-1。

表 6-3-1 测量值和折算值表

	测量值/V	折算值 U_{OS}/mV	折算值 I_{OS}/mA
第1次测量 U_{o1}/V			
第2次测量 U_{o2}/V			
测试条件	$R_1=$____,$R_2=$____,$R_3=$____,$R_f=$____,$U_+=$____,$U_-=$____		

③ 测量开环差模电压放大倍数 A_{ud}

按图 6-3-1 连接实验电路，输入端送入 100 Hz,30~50 mV 正弦信号，用示波器监视输出波形，用交流毫伏表测量 U_o、U_i，并计算 A_{ud}，记录入表 6-3-2(选择合适单位，保留 2 位有效数字)。

表 6-3-2 开环差模电压放大倍数测量值和折算值表

设定值	测量值		折算值	
信号频率 f/Hz	输入电压 U_i/mV	输出电压 U_o/V	开环放大倍数 A_{ud}	开环增益 A_{ud}/dB
测试条件	$R_1=$____,$R_2=$____,$R_3=$____,$R_f=$____,$U_+=$____,$U_-=$____			

④ 测量共模抑制比

按共模抑制比测试电路连接，运放输入端连线应尽可能短。连通正负电源，输入为 0

时，调整电位器 R_w，使输出为 0，然后加入正弦波信号 U_S（f 取 10～100 Hz），用示波器观察，使得 U_i、U_o 为适当值，将测量数据和计算结果填入 6-3-3（选择合适单位，保留 2 位有效数字）。

表 6-3-3　共模抑制比测试与折算表

设定值	测量值		折算值	
信号频率 f/Hz	输入电压 U_i/mV	输出电压 U_o/V	共模抑制比 K_{CMR}	共模抑制比 K_{CMR}/dB
测试条件	$R_1=$ ＿＿＿，$R_2=$ ＿＿＿，$R_3=$ ＿＿＿，$R_f=$ ＿＿＿，$U_+=$ ＿＿＿，$U_-=$ ＿＿＿			

⑤ 测量最大共模输入电压 U_{icm} 及输出电压的峰峰值 U_{opp}。请自己拟定实验步骤与方法。

6.3.5　EDA 实验仿真

应用 Multisim 软件，参照实验原理图，按照以下顺序搭建仿真实验电路图。

① 将实验元器件按照原理图的排列方式从左至右依次排列，电路左侧为输入端口，右侧为输出端口；

② 可选择合适的测量工具，分别测量电路中各节点及支路的电压和电流；

③ 选用合适的示波器，分配好示波器的测量端口，用示波器观察信号的输入和输出波形；

④ 参照实验内容进行相应实验参数的测量，并按照对应表格填写相应的实验测试数据。

如图 6-3-8 所示为按照实验原理图及实验要求搭建的仿真实验电路图。其中，J_1、J_2 为短路开关，示波器 XSC1 测量输出电压信号 U_o 的波形。

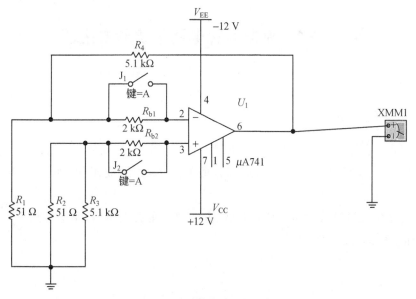

图 6-3-8　仿真实验电路图

6.3.6 注意点

① 搭接电路时切勿带电操作；
② 搭接实验电路时，务必保证线路、仪器的地线搭接正常；
③ 搭接测量仪器时务必遵循实验仪器的使用要求，注意正负极；
④ 实验结束后，务必整理好实验室桌面仪器，保存好实验数据。

6.3.7 实验报告撰写要求

① 写出失调电压、失调电流的测量方法；
② 画出实验电路图；
③ 列表整理测量结果，将所测得的数据与典型值进行比较，找出有无规律性的结果，分析产生误差的原因；
④ 分析讨论在调试过程中出现的问题；
⑤ 对实验结果和在实验中发现的问题进行总结、分析、论证。

6.3.8 思考题

① 运放调零端的作用是什么？当测量输入失调参数时，为什么运算放大器的反相与同相输入端的电阻要精选以保证严格对称？
② 输入失调电压的测量为什么采用闭环测量？
③ 输入失调电压的测量为什么采用交流信号输入？测试信号频率选取的原则是什么？
④ CMRR 的含义是什么？

6.4 模拟运算电路与波形发生器

6.4.1 实验目的

① 加深理解集成运算放大器的工作原理和基本特性及正确使用方法。
② 熟悉集成运算放大器在模拟运算方面的应用，如组成比例、加法、减法和积分等电路。
③ 学习用集成运算放大器构成正弦波、方波和三角波发生器，学会波形发生器的调整和主要性能指标的测试方法。

6.4.2 实验原理

集成运算放大器是高增益的直流放大器。在外部反馈网络的配合下,它的输出和输入之间可以灵活地实现各种特定的函数关系。在线性应用方面有基本放大器、基本运算、有源滤波器等;在非线性应用方面有函数发生器、比较器,精密交-直流变换器等,具有对不同信号进行组合运算和处理等多种功能。因此,集成运算放大器在计算技术、自动控制和测量、通信技术、数据处理等各方面都得到普遍和广泛的应用。

集成运算放大器在使用时要注意两点:一是"调零",二是"消振"。首先,在输出信号中有直流分量的应用场合下,在电源接通,输入信号为零时,调节调零电位器 R_w,使运放的输出为 0(失调电压为 0);其次,在改变反馈网络时产生自激振荡而输出波形如图 6-4-1 所示,需采用 RC 网络补偿来消除。

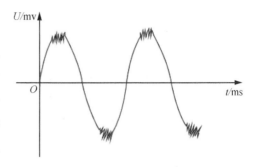

图 6-4-1 自激振荡产生的毛刺现象

1. 基本运算电路

(1) 反相比例运算电路

图 6-4-2 所示为反相比例运算电路。信号从反相端输入,同相端接地。对于理想运放,此电路的闭环增益为

$$A_u = \frac{U_o}{U_i} = -\frac{R_f}{R_1}$$

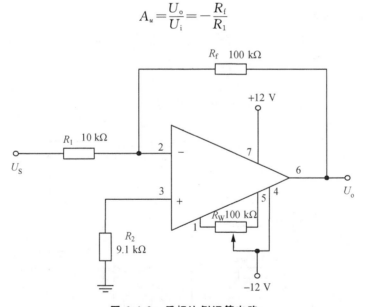

图 6-4-2 反相比例运算电路

为了减小输入级偏置电流引起的运算误差,在同相输入端应接入平衡电阻 $R_2 = R_1 / R_f$。

(2) 反相加法电路

如图 6-4-3 所示电路,输入电压为 U_{i1} 和 U_{i2},输出电压为 U_o,则此时输入电压和输出电压的关系为

$$U_o = -\left(\frac{R_f}{R_1}U_{i1} + \frac{R_f}{R_2}U_{i2}\right)$$

$$R_3 = R_1 /\!/ R_2 /\!/ R_f$$

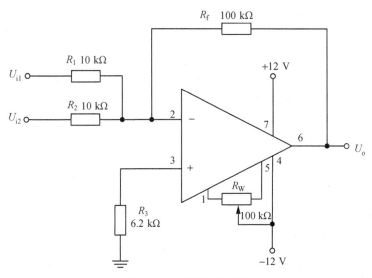

图 6-4-3 反相加法电路

(3) 同相比例运算电路

如图 6-4-4 所示电路,在理想条件下,它的输出电压与输入电压之间的关系为

$$U_o = \left(1 + \frac{R_f}{R_1}\right)U_i$$

$$R_2 = R_1 /\!/ R_f$$

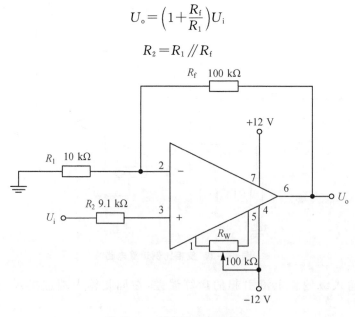

图 6-4-4 同相比例运算电路

其中,当 $R_1 \to \infty$ 时,$U_o/U_i=1$,则此时同相放大器变为电压跟随器,如图 6-4-5(a)和(b)所示。

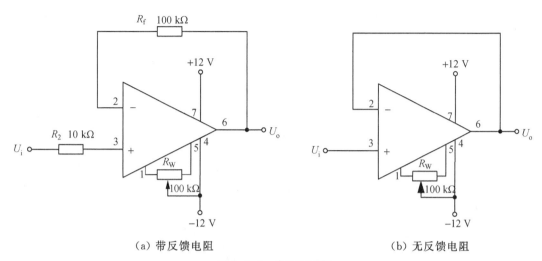

(a) 带反馈电阻　　　　　　　　　　　(b) 无反馈电阻

图 6-4-5　电压跟随器

图 6-4-5(a)中 $R_2=R_f$,用于减小漂移和起保护作用,且 $U_o=U_i$,相位相同,具有输入阻抗高、输出阻抗低的特点,能起到良好的隔离作用。

(4) 差动放大电路(减法器)

如图 6-4-6 所示,在理想化条件下,满足 $R_1=R_2$,$R_3=R_f$ 时有如下关系:

$$U_o = \frac{R_f}{R_1}(U_{i2}-U_{i1})$$

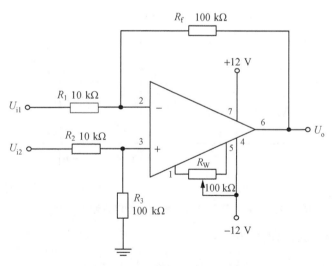

图 6-4-6　差动放大电路(减法器)

(5) 积分运算电路

如图 6-4-7 所示为一个典型积分器,当输入电压为 U_i 时,在电阻 R_1 上产生输入电流。

由于运放的输入偏置电流极小,输入电流将全部向电容 C 充电,由于电容的一端接在虚地点,另一端接在运放的输出,因此输出 U_o 将反映输入信号对时间的积分过程,设电容的初始电压为 0,即 $U_C(0)=0$,则

$$U_o(t) = -\frac{1}{RC}\int_0^t U_i dt$$

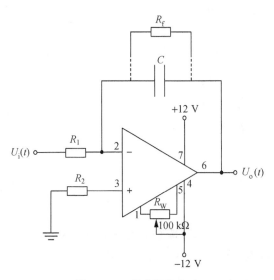

图 6-4-7 积分运算电路

当输入信号 $U_i(t)$ 为如图 6-4-8(a)所示的阶跃电压时,在它的作用下,电容将以近似恒流方式进行充电,输出电压 U_o 与时间 t 成近似线性关系,如图 6-4-8(b)所示。

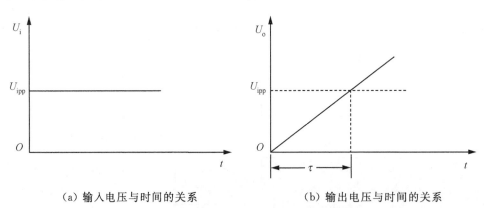

(a) 输入电压与时间的关系　　　　(b) 输出电压与时间的关系

图 6-4-8 输入阶跃电压下积分运算电路输入、输出波形

输入阶跃信号时,输出电压为

$$U_o \approx \frac{U_{ipp}}{R_1 C} \cdot t = -\frac{U_{ipp}}{\tau} \cdot t$$

其中,$\tau = R_1 C$ 为积分时间常数,当 $t=\tau$ 时,$U_o = U_{ipp}$。当然,积分输出电压所能达到的最大值受集成运放最大输出范围的限制。

在实际积分电路中,电容 C 两端并接反馈电阻 R_f,其作用为产生直流负反馈,以减小

集成运放输出端的直流漂移。R_f取大些可改善积分器的线性度,但对抑制直流漂移不利,因此R_f的值取适中。

2. 波形发生器

(1) RC 桥式正弦波振荡器(文氏电桥振荡器)

如图 6-4-9 所示为一个 RC 桥式正弦波振荡器,是一种常用于低频范围的 RC 振荡器。它由运算放大器及文氏电桥反馈网络组成。图中 Z_1 和 Z_2 是文氏电桥的两臂,它们组成正反馈网络,同时兼作选频网络,另外 R_1、R_2、R_W 和二极管等元件构成负反馈和稳幅环节。调节电位器 R_W,可以改变负反馈深度,以满足振幅条件和改善波形。利用两个反向并联二极管 D_1、D_2 正向电阻的非线性特性来实现稳幅。同时接入 R_3 以削弱二极管非线性影响改善波形失真。图中两只二极管 D_1、D_2,必须匹配才能保证上下振幅对称、从温度稳定性来看,宜选用硅管。

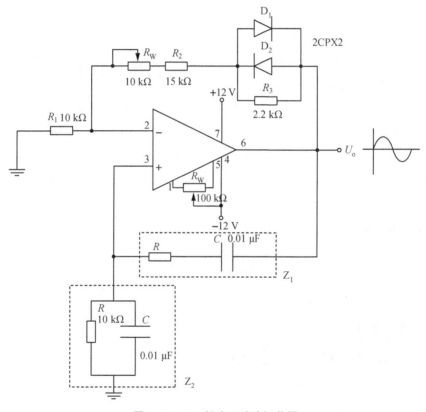

图 6-4-9　RC 桥式正弦波振荡器

电路的振荡频率为 $f_0 = \dfrac{1}{2\pi RC}$。

起振的幅值条件为 $\dfrac{R_f}{R_1} \geqslant 2$。

其中,$R_f = R_W + R_2 + (R_3 /\!/ r_D)$

r_D——二极管正向导通电阻。

调整 R_f,使电路起振,且波形失真最小。改变 R 或 C,可以调节振荡频率。

(2) 方波发生器

如图 6-4-10 所示,由滞回比较器及简单 RC 积分电路组成的方波——三角波发生器。该发生器可输出两种波形:方波(U_1)和三角波(U_2)。它的特点是线路简单,但三角波的线性度较差,主要用于产生方波或对三角波要求不高的场合。

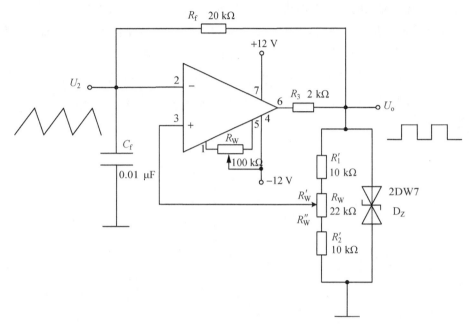

图 6-4-10 方波发生器

该电路的振荡频率为

$$f_0 = \frac{1}{2R_f C_f \ln\left(1+\dfrac{2R_2}{R_1}\right)}$$

式中,$R_1 = R_1' + R_w'$,$R_2 = R_2' + R_w''$。

方波的输出幅值为 $U_{1m} = U_Z$。

三角波的输出幅值为 $U_{2m} = \dfrac{R_2}{R_1 + R_2} U_Z$。

调节 R_w 或改变 R_f 或 C_f,可以改变振荡频率,但改变 R_w 的同时会改变三角波的幅值。

6.4.3 实验设备与器件

① +12 V 直流电源;

② 双踪示波器;

③ 交流毫伏表;

④ 函数信号发生器;

⑤ 直流电压表;

⑥ 频率计;

⑦ 集成运算放大器 μA741 或 LM741、2DW2;

⑧ 电容、电阻若干。

6.4.4 实验内容

实验前要看清运放各管脚的位置,切忌正、负电源极性接反和输出短路,否则将会损坏集成块。

1. 反相比例运算电路

① 如图 6-4-2 连接实验电路,接通 12 V 电源,进行调零和消振。

② 输入 $f=100$ Hz,$U_i=0.5$ V 的正弦信号,测量相应的 U_o,并用示波器观察 U_o 和 U_i 的相位关系,记入表 6-4-1 中。

表 6-4-1 测试记录表 $U_i=0.5$ V $f=100$ Hz

参数	测量波形	测量值和折算值
输入电压 U_i		$f=$ _____ Hz,$U_{ipp}=$ _____ mV
输出电压 U_o		$U_{opp}=$ _____ V,$\|A_u\|=$ _____

2. 反相加法运算电路

① 如图 6-4-3 连接电路,调零和消振。

② 构造简易直流信号源,如图 6-4-11 所示。

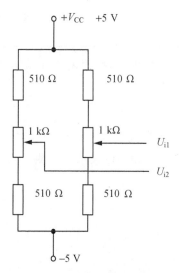

图 6-4-11 简易直流信号源

用直流电压表测 U_{i1}、U_{i2} 及 U_o，记录数据至表 6-4-2。改变 U_{i1}、U_{i2} 再测，重复 5 次。

表 6-4-2 直流信号源测试记录表

序号	参数	输入测量值	输出测量值
1	输入电压 U_{i1}	$U_{imax}=$ _____ mV	$U_{omax}=$ _____ mV
	输入电压 U_{i2}	$U_{imax}=$ _____ mV	
2	输入电压 U_{i1}	$U_{imax}=$ _____ mV	$U_{omax}=$ _____ mV
	输入电压 U_{i2}	$U_{imax}=$ _____ mV	
3	输入电压 U_{i1}	$U_{imax}=$ _____ mV	$U_{omax}=$ _____ mV
	输入电压 U_{i2}	$U_{imax}=$ _____ mV	
4	输入电压 U_{i1}	$U_{imax}=$ _____ mV	$U_{omax}=$ _____ mV
	输入电压 U_{i2}	$U_{imax}=$ _____ mV	
5	输入电压 U_{i1}	$U_{imax}=$ _____ mV	$U_{omax}=$ _____ mV
	输入电压 U_{i2}	$U_{imax}=$ _____ mV	

3. 同相比例运算电路

① 按图 6-4-4 连接电路，实验步骤同反相比例运算电路，记录数据和波形至表 6-4-3。

表 6-4-3 同相比例运算电路测试记录表

参数	测量波形	测量值和折算值
输入电压 U_i		$f=$ _____ Hz, $U_{ipp}=$ _____ mV
输出电压 U_o		$U_{opp}=$ _____ V, $\lvert A_u \rvert =$ _____

② 断开 R_1，按图 6-4-5(a) 连接电路，按照表 6-4-3 要求的内容重复记录测试数据与波形。

4. 电压跟随器

如图 6-4-5 所示，按电压跟随器连接，输入适当频率和幅度的正弦波。用双踪示波器测量输入与输出波形的频率、峰峰值和相位关系。将测量波形、测量值和折算值（保留 2 位有效数字）填入表 6-4-4。

表 6-4-4　电压跟随器测试记录表

参数	测量波形	测量值和折算值
输入电压 U_i		$f=$ _____ Hz, $U_{\text{ipp}}=$ _____ mV
输出电压 U_o		$U_{\text{opp}}=$ _____ V, $\lvert A_u \rvert =$ _____

5. 减法运算电路

① 按图 6-4-6 连接电路,调零和消振;

② 构造如图 6-4-11 的直流电源,将信号 U_{i1} 和 U_{i2} 输入至图 6-4-6 的信号输入端,进行减法运算电路试验,记录数据表格同表 6-4-2。

6. 积分运算电路

① 实验电路如图 6-4-12 所示。

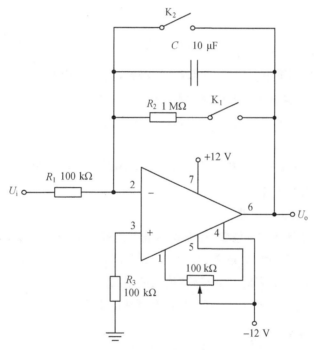

图 6-4-12　积分运算电路

断开 K_2、闭合 K_1:

② 对运放输出调零;

③ 断开 K_1,闭合 K_2,使 $U_C(0)=0$;

④ 输入直流电压 $U_i=0.5$ V,断开 K_2,用直流电压表测量输出电压 U_o,每隔 5 s,读一次 U_o,记录数据,直到不明显增大为止,将数据记录至表 6-4-5。

表 6-4-5　积分运算记录表

t/s	0	5	10	15	20	25	30	…
U_o/V								

7. RC 桥式正弦波振荡器

按图 6-4-9 连接实验电路，输出端接示波器。

① 接通 12 V 电源，调节电位器 R_W，使输出波形从无到有，从正弦波到出现失真。描绘 U_o 的波形，记下临界起振、最大不失真输出情况下的 R_W 值，分析负反馈强弱对起振条件及输出波形的影响。

② 调节电位器 R_W，使输出电压 U_o 幅值最大且不失真，用交流毫伏表分别测量输出电压 U_o、反馈电压 U_+ 和 U_-，分析研究振荡的幅值条件。

③ 用示波器或频率计测量振荡频率 f_o，然后在选频网络的两个电阻 R 上并联同一阻值电阻，观察记录振荡频率的变化情况，并与理论值进行比较。

④ 断开二极管 D_1、D_2，重复②的内容，将测试结果与②进行比较，分析 D_1、D_2 的稳幅作用。

8. 方波发生器

按图 6-4-10 连接实验电路。

① 将电位器 R_W 调至中心位置，用双踪示波器观察并描绘方波 U_1 及三角波 U_2 的波形（注意对应关系），测量其幅值及其频率，记录之。

② 改变 R_W 动点的位置，观察 U_1、U_2 幅值及频率变化情况。把动点调至最上端和最下端，测出频率范围，记录之。

③ 将 R_W 恢复至中心位置，将一只稳压管短接，观察 U_1 波形，分析 D_Z 的限幅作用。

9. 三角波和方波发生器

按图 6-4-10 连接实验电路。

① 将电位器 R_W 调至合适位置，用双踪示波器观察并描绘三角波输出 U_{o2} 及方波输出 U_{o1}，测其幅值、频率及 R_W 值，记录之。

② 改变 R_W 的位置，观察对 U_{o1}、U_{o2} 幅值及频率的影响。

③ 改变 R_1（或 R_2），观察对 U_{o1}、U_{o2} 幅值及频率的影响。

6.4.5　EDA 实验仿真

应用 Multisim 软件，参照实验原理图，按照以下顺序搭建仿真实验电路图。

① 将实验元器件按照原理图的排列方式从左至右依次排列，电路左侧为输入端口，右侧为输出端口；

② 将信号发生器输出调为 100 Hz、500 mVrms（可根据实际情况进行调整），接入放大器的输入端，作为电路的输入信号；

③ 选择合适的测量工具，分别测量电路中各节点及支路的电压和电流；

④ 选用合适的示波器，分配好示波器的测量端口，用示波器观察信号的输入和输出波形；

⑤ 参照实验内容进行相应实验参数的测量，并按照对应表格填写相应的实验测试数据。

如图 6-4-13 所示为按照实验原理图及实验要求搭建的反相、同相比例放大与加法、减法仿真实验电路图。采用万用表测量电路中的电压和电流参数，用示波器观察输入和输出的信号波形。

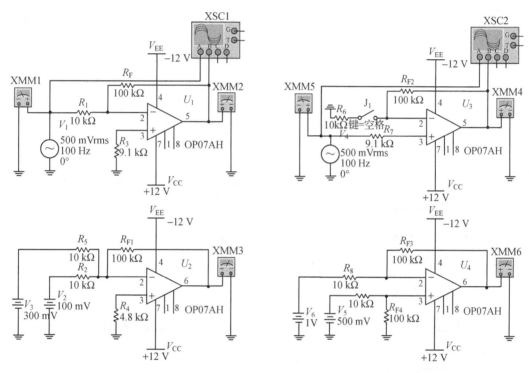

图 6-4-13　模拟运算放大器仿真电路图

6.4.6　注意点

① 搭接电路时切勿带电操作；
② 搭接实验电路时，务必保证线路、仪器的地线搭接正常；
③ 搭接测量仪器时，务必遵循实验仪器的使用要求，注意正负极；
④ 实验结束后，务必整理好实验室桌面仪器，保存好实验数据。

6.4.7　实验报告撰写要求

1. 基本运算电路

① 整理实验数据，在坐标纸上画出波形图，将理论计算结果和实验数据相比较，分析误差原因；

② 分析实验过程中的问题及现象。

2. 分别分析波形发生器对应的实验

① R 振荡器的振幅条件，D_1、D_2 的稳幅作用；

② 方波发生器中 R_W 变化时，对 U_o 波形的幅值及频率的影响；

③ 分析三角波和方波发生器电路参数变化对频率和振幅的影响；

④ 整理实验数据，在坐标纸上绘制波形图，注意相位关系及幅值比例关系。

6.4.8 思考题

① 若运放两个输入端的输入电阻阻值相差很大，对电路会造成什么影响？

② 分析差动放大电路的原理，试解释电路采用差动放大的好处。

6.5 RC 正弦波振荡器

6.5.1 实验目的

① 掌握 RC 正弦波振荡器电路的组成及电路的振荡条件。

② 学会用示波器和频率计测量振荡器的频率。

6.5.2 实验原理

要使一个放大电路变成一个振荡电路，必须满足一定的条件，即振幅平衡条件和相位平衡条件。

1. 正弦波振荡器的条件

反馈放大器的方框图如图 6-5-1 所示。

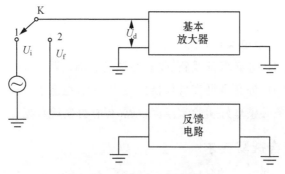

图 6-5-1 反馈放大器的方框图

如果开关 K 接通"1"端，放大器由信号源提供一定频率、一定幅度的正弦波输入电压，设

$$u_i = U_{im}\sin(\omega t + \varphi_o) = U_{im}\sin\varphi$$

式中,U_{im} 为输入交流电压的最大值,$\omega=2\pi f$ 为正弦波的角频率,φ_o 是正弦波的初相角。

输入信号 u_i 经过放大器及反馈电路后在"2"端得到一个同频率的正弦波电压 u_f,设
$$u_f = U_{fm}\sin(t+\varphi_o') = U_{fm}\sin\varphi'$$

如果满足以下两个条件:
$$\theta = \varphi' - \varphi = 2n\pi \quad (n=0,1,2,\cdots)$$
$$U_{im} = U_{fm}$$

将开关 K 接通"2"端,去掉外加的信号源 u_i,由于 $u_f = u_i$,因此放大器输入端的电压仍保持与原来完全一样的幅值和初相角。如果满足上述条件,反馈放大器就会出现自激振荡,这时反馈放大器就变成振荡器了。

振荡器的振荡频率 f_o 是由相位平衡条件决定的。一个正弦波振荡器只在一个频率下能满足相位平衡条件,这个频率就是 f_o。要真正满足上述振荡条件仅有某一种特定频率(f_o)的信号,所以可以采用具有频率选择性的放大器或反馈电路来实现。RC 相移电路就是具有频率选择性的电路,即选频网络。

2. RC 相移电路

最简单的 RC 相移电路如图 6-5-2 所示,设输入电压为 u_i,输出电压为 u_o,则

$$u_o = \frac{Ru_i}{R+\dfrac{1}{j\omega C}} = \frac{u_i e^{j\varphi}}{\sqrt{1+\dfrac{1}{(\omega RC)^2}}}$$

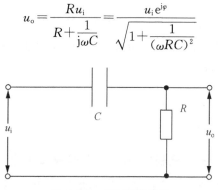

图 6-5-2 RC 相移电路

u_o 比 u_i 超前 φ 角,如果 $\varphi=90°$ 时,$\omega RC=0$,这时 $u_o=0$。而 u_o 最多只能比 u_i 超前 90°,但这时 u_o 已等于零。若要求 u_o 有一定输出,则 φ 必须小于 90°。因此要得到 180°的相移,应该采用三节 RC 相移电路,如图 6-5-3 所示。

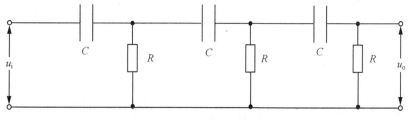

图 6-5-3 三节 RC 相移电路

设输入信号为正弦波,C、R 组成电容性电路,电流超前电压,其超前相角由 R 与 C 的值及电路信号频率决定,相角 θ 可由下式求出

$$\tan\theta = \frac{XC}{R} = \frac{1}{2\pi fRC}$$

$$\theta = \arctan\frac{XC}{R}$$

这样可以按预设的工作频率选择 R 和 C 的值,使相移为 90°。图 6-5-4 给出矢量分析图,在 R 两端的电压 u_R 比输入电压 u_i 超前 60°。对第二个和第三个 RC 电路作同样的选择,使它们在给定的频率下都移相 60°,这样,三节 RC 电路的相位共移了 180°。

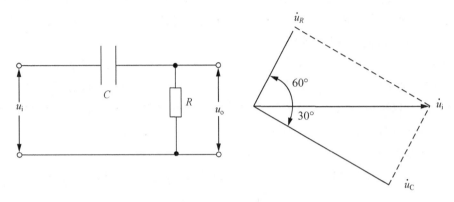

图 6-5-4　相移矢量分析图

由三节 RC 构成的相移电路,且三个电阻和三个电容都取相同的数值,根据电路理论的计算,振荡频率可由下式求出

$$f_o = \frac{1}{2\pi\sqrt{6}RC}$$

3. RC 桥式振荡电路

RC 桥式振荡器结构简单,性能稳定,作为一种低频振荡器广泛应用于各种设备中。图 6-5-5 是 RC 桥式振荡电路的原理图。这个电路由两部分组成,即放大器 A_V 和选频网络 F_V。A_V 为由集成运放所组成的电压串联负反馈放大器;而 F_V 是由 RC 串、并联电路组成,同时兼任正反馈网络。通过理论推导可得 RC 串并联选频网络的振荡频率为

$$f_o = \frac{1}{2\pi RC}$$

而幅频响应的幅值最大值为

$$F_{V_{\max}} = \frac{1}{3}$$

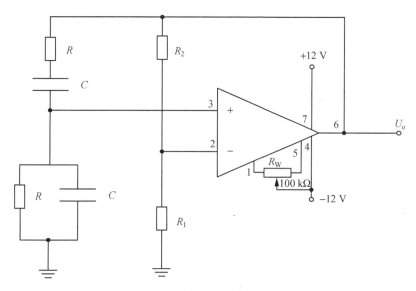

图 6-5-5 RC 桥式振荡电路的原理图

6.5.3 实验设备与器件

① +12V 直流电源；
② 函数信号发生器；
③ 双踪示波器；
④ 频率计；
⑤ 直流电压表或万用电表；
⑥ 2 个 3DG12 三极管或 9013 三极管；
⑦ 电阻、电容、电位器等。

6.5.4 实验内容

1. RC 相移式振荡器

RC 相移式振荡器可按照以下步骤完成：

① 按图 6-5-6 的电路连接实验电路；
② 先将图中"×"处的断开，接通电源，测量 T_1、T_2 放大器的静态工作点及电流放大倍数；
③ 断开电源，将"×"处的电路接通，并将输出端"A"接到示波器和数字频率计；
④ 接通电源，微调 R_{W2}，使在示波器上得到最大不失真的正弦波；
⑤ 调整 R_{W2}，取上限和下限两个点，在示波器上读出相应的周期，并读出数字频率计上所显示的频率，求出用示波器测周期（频率）的误差；
⑥ 调整 R_{W3}，观察示波器的波形和频率有什么变化。

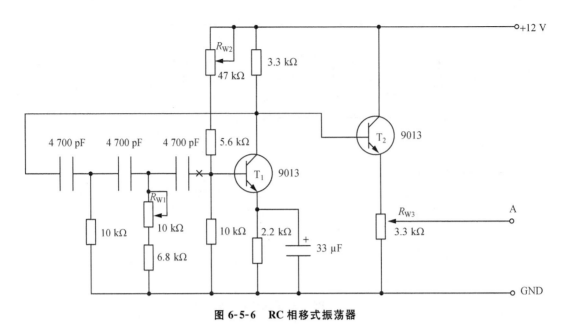

图 6-5-6　RC 相移式振荡器

2. RC 串并联选频网络振荡器

RC 串并联选频网络振荡器可按照以下步骤完成：

① 按图 6-5-7 的电路连接线路；

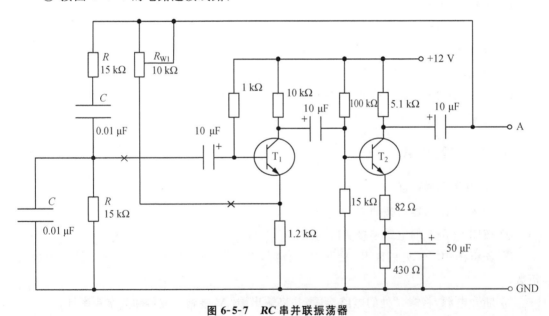

图 6-5-7　RC 串并联振荡器

② 先将图中"×"处的断开，接通电源，测量 T_1、T_2 放大器的静态工作点及电流放大倍数；

③ 断开电源，将"×"处的电路接通，并将输出端"A"接到示波器和数字频率计；

④ 接通电源，使电路起振，观察示波器上输出电压的波形，调节 R_{W1}，以获得满意的正

弦波信号,记录波形及振荡周期参数,并记录数字频率计所显示的频率;

⑤ 求出用示波器测量周期(或频率)的误差;

⑥ 改变图中 $R(R=7.5 \text{ k}\Omega)$ 或 $C(C=0.022 \text{ }\mu\text{F})$ 值,观察振荡频率变化的情况。

6.5.5　EDA 实验仿真

应用 Multisim 软件,参照实验原理图搭建仿真实验电路图。

① 将实验元器件按照原理图的排列方式从左至右依次排列;

② 选择合适的测量工具,分别测量电路中各节点及支路的电压和电流;

③ 选用合适的示波器,分配好示波器的测量端口,用示波器观察信号的输出振荡波形;

④ 参照实验内容进行相应实验参数的测量,并按照对应表格填写相应的实验测试数据。

如图 6-5-8 所示为按照实验原理图及实验要求搭建的仿真实验电路图。输出端通过示波器实时观察振荡波形的产生情况。

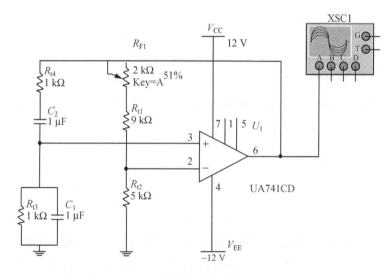

图 6-5-8　RC 串并联振荡器仿真实验电路图

6.5.6　注意点

① 搭接电路时,切勿带电操作;

② 搭接实验电路时,务必保证线路、仪器的地线搭接正常;

③ 搭接测量仪器时,务必遵循实验仪器的使用要求,注意正负极;

④ 实验结束后,务必整理好实验室桌面仪器,保存好实验数据。

6.5.7　实验报告撰写要求

① 分别叙述 RC 相移式振荡器和 RC 串并联选频网络振荡器的原理;

② 实验电路搭建与测试；
③ 振荡器输出波形和频率的记录；
④ 由电路给定参数计算振荡频率，并与实测值进行比较，分析误差产生的原因；
⑤ 总结两种 RC 振荡器的特点。

6.5.8 思考题

① 当图 6-5-6 所示相移电路平衡时，计算实验电路的频率，将这个频率与测量的值进行比较，并解释它们之间的不同。
② 图 6-5-6 所示电路中的 T_1 和 T_2 能否用 PNP 三极管替换，并说明理由。
③ 如果希望提高图 6-5-7 中振荡器的上限频率或降低振荡器的下限频率，试说明应调整什么元件，应增大其值还是减小其值。

6.6 低频功率放大器 OTL(Output-transformerless)

6.6.1 实验目的

① 理解 OTL(无输出变压器)功率放大器的含义及工作原理。
② 学会 OTL 电路的调试及主要性能与指标的测试方法。

6.6.2 实验原理

图 6-6-1 所示为 OTL 功率放大器实验原理图，T_1 为半导体三极管 3DG6，组成前置放大级(推动级)，T_2、T_3 分别是晶体管参数对称的 NPN 型和 PNP 型三极管，组成互补推挽 OTL 功放电路。T_2、T_3 均接成射极输出器形式——具有输出电阻低，负载能力强等优点。其中 T_1 管工作于甲类状态，其集电极电流 I_{C1} 由电位器 R_{W1} 调节。I_{C1} 的一部分流经电位器 R_{W2} 与二极管 D，给 T_2、T_3 提供偏压，调节 R_{W2}，可以使 T_2、T_3 取得合适的静态电流，工作于甲、乙类状态，以克服交越失真。静态时要求输出端中点 A 的电位 $U_A=U_{CC}$，可以通过调节 R_{W1} 来实现，又由于 R_{W1} 的一端接在 A 点，所以在电路中引入交、直流电压并联负反馈，这样，既能稳定放大器静态工作点，又能改善非线性失真。

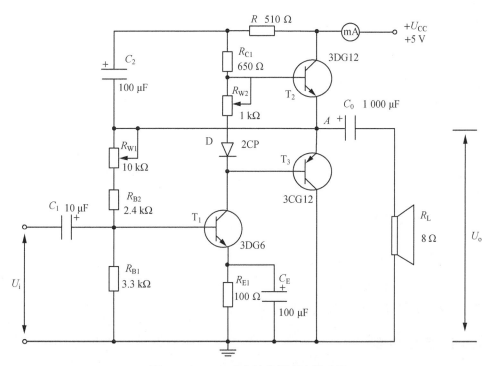

图 6-6-1 OTL 功率放大器实验原理图

工作特性：当输入正弦交流信号 U_i 时，经 T_1 前置放大，倒相后输出，同时作用于 T_2、T_3 的基极，U_i 的负半周使 T_2 导通（使 T_3 截止），电流通过负载 R_L，同时向电容 C_0 充电；U_i 的正半周使 T_3 导通（使 T_2 截止），已充好电的电容器 C_0 这时起电源的作用，通过负载 R_L 放电，这样，在负载 R_L 上就可得到完整的正弦波信号。

电路中 C_2 与 R 构成自举电路，用于提高输出电压正半周的幅度，这样可以得到比较大的动态范围。

OTL 电路的主要参数：

① 最大不失真输出功率 P_{om}。在理想情况下，$P_{om}=\dfrac{1}{8}\cdot\dfrac{U_{CC}^2}{R_L}$，实验中可通过测量 R_L 两端的电压有效值来求得实际的 $P_{om}=U_o^2/R_L$。

② 效率 η。

$$\eta=\dfrac{P_{om}}{P_E}\cdot 100\%$$

式中，P_E 为直流电源供给的平均功率。在理想情况下，$\eta_{max}=78.5\%$。实验中，可测量电源供给的平均电流 I_{dc}，求得 $P_E=U_{CC}I_{dc}$，负载上的交流功率已用上述方法求出，这样就可以计算实际效率了。

③ 频率响应（详见 6.1.4 实验内容小节中《实验 7 测量幅频特性曲线》）。

④ 输入灵敏度。在输出最大不失真功率时，输入信号 U_i 的值。

6.6.3 实验器材

① +5 V 直流电源；
② 函数信号发生器；
③ 双踪示波器；
④ 交流毫伏表；
⑤ 直流电压表；
⑥ 直流毫安表；
⑦ 频率计；
⑧ 晶体三极管：3DG6(9011)
　　　　　　　3DG12(9013)
　　　　　　　3DG12(9012)
　　　　　　　晶体二极管：2CP；
⑨ 其他：8 Ω 喇叭，电阻器、电容器若干。

6.6.4 实验内容

1. 静态工作点的调试

按照图 6-6-1 连接实验电路（实验板或面包板），在 +5 V 电源的进线中串接直流毫安表（或万用表的直流毫安挡），观察表头指示。同时用手触摸 T_1、T_2 晶体管外壳，若温升显著，说明电流过大，应立即断开电源连线，检查原因（有可能是 R_{w2} 开路或电路自激，还有可能是 T_1、T_2 晶体管接触不良等）。若无异常现象，即可开始调试（电路不应有自激现象）。

① 调节输出端中点电位 U_A，调节电位器 R_{w1}，用直流电压表测量 A 点电位，使 $U_A = U_{CC}/2$。

② 调整输出级静态电流及测试各级静态工作点，调节电位器 R_{w2}，使 T_2、T_3 管的 $I_{C2} = I_{C3} = 510$ mA。从减小交越失真的角度看，应适当增加输出级的静态电流，但此电流过大，会降低效率，所以一般调节在 5~10 mA 为宜。由于毫安表是串接在电源进线中，所以测到的是整个放大器的工作电流，因 T_1 的工作电流 I_{C1} 较小，因此可以把测到的总电流近似看作输出级的静态电流（如要得到准确的输出级的静态电流，可以从总电流中减去 I_{C1} 的值）。

③ 调整输出级静态电流的另一种方法是动态调试法。调试时，先使 $R_{w2} = 0$，在输入端接入 $f = 1$ kHz 的正弦信号 U_i。逐渐加大输出信号的幅值时，输出波形应当出现较严重的交越失真（注：没有饱和与截止失真）。然后缓慢地增大 R_{w2}，当交越失真刚好消失时，停止调节 R_{w2}，恢复 $U_i = 0$，此时直流毫安表读数即为输出级静态电流。一般数值也应在 5~10 mA，如出现过大情况，则要检查电路是否异常。

④ 输出级静态电流调整好以后，测量各级静态工作点，记入表 6-6-1。

表 6-6-1 实验数据记录表　　$I_{C2}=I_{C3}=$　　　mA　$U_A=$　　　V

晶体管	T_1			T_2			T_3		
参数	U_{B1}	U_{C1}	U_{E1}	U_{B2}	U_{C2}	U_{E2}	U_{B3}	U_{C3}	U_{E3}
估算值	0.7~1.5	1.8V	0~0.8	3.2	5.0	2.5	1.8	0	2.5
测量值									

【注意】 在调节 R_{W2} 时,注意旋转方向,不要调节过快,不能导致开路状态,以免损坏管子;输出管静态电流调准以后,不要随意旋动 R_{W2}。

2. 最大输出功率 P_{om} 和效率 η 的测试

(1) 测量 P_{om}

在输入端接入 $f=1\text{kHz}$ 的正弦信号 U_i,输出端用示波器观察输出电压 U_o 波形。随后逐渐增大 U_i,使输出电压达到最大不失真输出,用交流毫伏表测出负载 R_L 上的电压 U_{om},那么 $P_{om}=U_{om}^2/R_L$,测试数据记入表 6-6-2。

表 6-6-2　最大功率实验数据记录表

参数	最大不失真输出电压 U_{omax}	负载电阻 R_L	最大输出功率 P_{om}
测试	示波器测量峰值,或使用交流毫伏表测量有效值 U_o	万用表测量阻值	计算
测量值			

(2) 测量 η

当输出电压为最大不失真输出时,读出此时直流毫安表上的电流值,此电流值即为直流电流供给的平均电流 I_{dc}(存在误差),由此可以近似地求得 $P_E=U_{CC}\times I_{dc}$,然后由已测得的 P_{om} 值求出 $\eta=P_{om}/P_E$,测试数据记入表 6-6-3。

表 6-6-3　效率实验数据记录表

参数	电源电压 U_{CC}/V	平均电流 I_{dc}/mA	电源功率 P_E/W	效率 η
测试	使用万用表测量	使用万用表测量	计算	计算
测量值				

(3) 输入灵敏度测试

按输入灵敏度的定义,只需测出输出功率 $P_o=P_{om}$ 时的输入电压 U_i 即可,测试数据记入表 6-6-4。

表 6-6-4　灵敏度实验数据记录表

测试条件	测量值
当输出功率 $P_o=P_{om}$ 时	输入电压 $U_i=$

(4) 频率响应的测试

方法同 6.1.4 实验内容小节中《实验 7　测量幅频特性曲线》,记入表 6-6-5。

表 6-6-5 频率响应测试记录

类型	低频			中频			高频		
f/Hz									
U_o/V									
A_u									

在测试时,为确保电路安全,请在较低电压下进行,通常取输入信号为输入灵敏度的 50%,并保持 U_i 为恒定值,输出波形不得失真。

(5) 自举电路的作用

① 首先,测量存在自举电路时的情况,$P_o=P_{omax}$ 时的电压增益 $A_u=U_{om}/U_i$。

② 其次,将 C_2 开路,R 短路(造成无自举),再来测量 $P_o=P_{omax}$ 的 A_u。

③ 最后,用示波器观察①、②两种情况下的输出电压波形,将以上两项测量结果进行比较,分析研究自举电路的作用。

(6) 噪声电压的测试

测量时把输入端短路($U_i=0$),观察输出噪声波形,用交流毫伏表测量输出电压,即噪声电压 U_N,本电路若 $U_N<15$ mV,即为正常。

(7) 试听

输入信号改为由录音机输出的音乐、语言信号,在输出端接入试听音箱和示波器,然后开机试听,并观察音乐、语言信号的输出波形。

6.6.5 EDA 实验仿真

应用 Multisim 软件,参照实验原理图,搭建仿真实验电路图。

① 将实验元器件按照原理图的排列方式从左至右依次排列,电路左侧为输入端口,右侧为输出端口;

② 将信号发生器输出调为 1 kHz、20 mVrms,接入放大器的输入端,作为电路的输入信号;

③ 选择合适的测量工具,分别测量电路中各节点及支路的电压和电流;

④ 选用合适的示波器,分配好示波器的测量端口,用示波器观察信号的输入和输出波形;

⑤ 参照实验内容进行相应实验参数的测量,并按照对应表格填写相应的实验测试数据。

如图 6-6-2 所示为按照实验原理图及实验要求搭建的仿真实验电路图。其中,J_1、J_2、J_3 为短路开关,万用表 XMM1~XMM8 分别测量各支路的电压和电流参数。可设置万用表的工作模式,使其工作在交流电压挡或直流电压挡,示波器 XSC1 通道 A 测量输入电压信号的波形,通道 B 测量输出电压信号的波形。

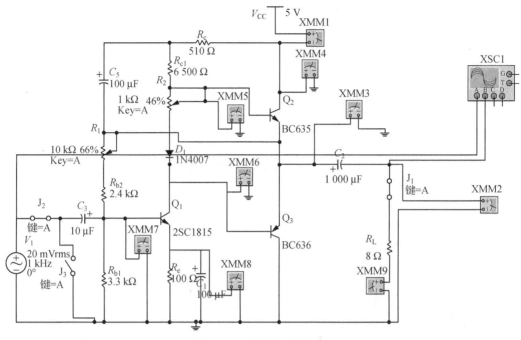

图 6-6-2　仿真实验电路图

6.6.6　注意点

① 搭接电路时切勿带电操作;
② 搭接实验电路时,务必保证线路、仪器的地线搭接正常;
③ 设置 A 的电位为 $1/2V_{CC}$,以保证电路对称;
④ 搭接测量仪器时,务必遵循实验仪器的使用要求,注意正负极;
⑤ 实验结束后,务必整理好实验室桌面仪器,保存好实验数据。

6.6.7　实验报告撰写要求

① 分析电路的工作原理,解释输出及如何构成推挽式结构;
② 整理实验所得数据,并计算静态工作点、最大不失真输出功率 P_{om}、效率 η 等,并且与理论值进行比较,画出频率响应曲线。
③ 分析自举电路中 C_2、R 的作用。
④ 讨论在实验中发生的问题和解决办法。

6.6.8　思考题

① 为什么引入自举电路能够扩大输出电压的动态范围?
② 交越失真产生的原因是什么?怎样克服交越失真?
③ 若电路有自激现象,应如何消除?

④ 为不损坏输出管,调试中应注意什么问题?
⑤ 电路中电位器 R_{W2} 如开路或短路,对电路工作有何影响?
⑥ B 类功率放大器的效率最高为多少?
⑦ 如何测算 T_1 的集电极电流?
⑧ 电路中的 C_2、D 和 R 有什么作用?

6.7 集成稳压电路

6.7.1 实验目的

① 了解三端稳压集成电路的使用方法。
② 研究集成稳压器的特点和性能指标的测试方法。
③ 了解集成稳压器的功能和应用。

6.7.2 实验原理

目前,一些电子设备中常使用输出固定电压的集成稳压电路。由于这种集成稳压电路使用方便,因此得到广泛应用。输出电压固定的集成电路有 78 和 79 两种系列三端式集成稳压器,在使用中输出电压不能进行调整。78 系列三端稳压器输出为正极性电压,根据其输出电压分别为+5 V、+6 V、+9 V、+12 V、+15 V、+18 V 和+24 V,输出电流最大可达到 1.5 A(加散热片)。同类型 78M 系列稳压器的输出电流为 0.5 A,78L 系列稳压器的输出电流为 0.1A。若要求输出负极性电压,则可选用 79 系列稳压器。图 6-7-1 为 78 系列外形和接线图。

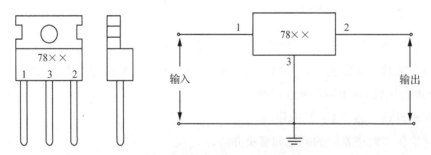

图 6-7-1 78 系列外形和接线图

除固定输出三端稳压器外,尚有可调式三端稳压器,两者通过外接元器件对输出电压进行调整,以满足不同的需要。

一般在使用集成稳压器时,其输入电压 U_i 应比输出电压 U_o 高出 3 V 左右,即

$$U_i = U_o + 3 \text{ V}$$

稳压电源的性能指标分为两类,一类是特性指标,另一类是质量指标。

1. 特性指标

特性指标是指稳压电源的适用范围,包括最大输出电流,输出电压和电压调整范围(指输出可调电源)。

(1) 最大输出电流 I_{omax}

I_{omax} 取决于制造厂商所规定的额定值 I_M 和 P_M,即必须同时满足

$$I_{omax} \leqslant I_M$$

$$I_{omax}(U_{imax} - U_o) \leqslant P_M$$

如果采用了恒流三极管,则取决于恒流三极管的 I_{cm} 和 P_{cm}。这时,只要将 I_{cm} 和 P_{cm} 取代上两式中的 I_M 和 P_M 即可。

(2) 输出电压和电压调整范围

采用固定式三端稳压器的输出电压 U_o 由所选择的芯片所定。如 78××,则由"××"的值确定。

若用可调整的三端稳压器(如 LM317),则其可调的最低输出为该稳压器的基准电压 U_{REF},可调的最大输出则可按 $U_o = U_i - 3\text{ V}$ 估算,所以电压调整范围为 $U_{REF} \sim (U_i - 3\text{ V})$。

2. 质量指标

质量指标包括调整因数、输出电阻、纹波电压及温度系数等。

(1) 调整因数(亦称电压调整率)

调整因数表征当负载电流及环境温度保持不变时,由输入电压 U_i 的变化所引起的输出电压 U_o 的变化,即

$$S_u = \frac{\Delta U_o}{\Delta U_i} \bigg|_{\substack{\Delta I_o = 0 \\ \Delta T = 0}}$$

由上式可知,S_u 的大小,反映了稳压电源在输入电压发生变化时,输出电压维持稳定的能力,S_u 越小,输出电压的稳定性越好。通常,S_u 为 $10^{-4} \sim 10^{-2}$。

(2) 输出电阻

输出电阻表征,当输入电压及环境温度保持不变时,由于负载电流 I_o 的变化而引起的输出电压 U_o 的变化程度,可由下式来表示

$$R_o = \frac{\Delta U_o}{\Delta I_o} \bigg|_{\substack{\Delta U_i = 0 \\ \Delta T = 0}}$$

输出电阻 R_o 的大小,反映了一个稳压电源在负载发生变动时,稳压电源 U_o 维持稳定的能力。R_o 越小,输出电压的稳定性越好。通常,R_o 为 $10^{-3} \sim 10^{-1}\ \Omega$。

(3) 纹波电压

纹波电压是指稳压电源输出端的交流谐波分量的总有效值,一般为毫伏数量级。输出纹波电压 U_o 的大小,表示输出电压的微小波动。调整因数 S_u 较优的电源,它输出的纹波电压一般也比较小,并随输出电流 I_o 的增大会有所增大。

(4) 温度系数

温度系数是指在输入电压 U_i 及输出电流 I_o 均不变的情况下,由于环境温度的变化所引起输出电压的变化程度,可由下式来表示

$$S_T = \frac{\Delta U_o}{\Delta T_o}\bigg|_{\substack{\Delta U_i=0 \\ \Delta I_o=0}}$$

图 6-7-2 是用三端式稳压器 7815 构成的单电源电压输出串联型稳压电源的实验电路图。

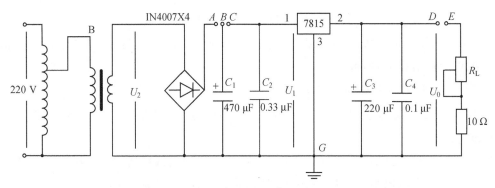

图 6-7-2　7815 构成的稳压电源电路图

7815 构成的稳压电源电路由四部分组成:变压器,整流、滤波、稳压电路。变压器 B 的原线圈通过自耦变压器的调节,使变压器 B 的副线圈得到所需的电压 U_2;然后经过桥式整流,得到脉动的直流电压;再经过电容 C_1 的滤波,得到纹波较小的直流电压作为集成稳压器 7815 的输入电压 U_i。7815 输出比较稳定的 +15 V 直流电压,图中的滤波电容 C_1、C_2 一般选取几百至几千微法。当稳压器距离整流滤波电路比较远时,在输入端必须接入 C_3(数值为 0.33 μF),以抵消线路的电感效应,防止产生自激振荡。输出端接入 C_4(0.1 μF)用以滤除输出端的高频信号,改善电路的暂态响应。

6.7.3　实验设备与器件

① 自耦变压器;

② 双踪示波器;

③ 交流毫伏表;

④ 万用电表;

⑤ 直流毫安表;

⑥ 滑动变阻器(200 Ω,1.5 A);

⑦ 三端稳压器 7815;

⑧ 电阻、电容器若干。

6.7.4　实验内容

① 按图 6-7-2 连接实验电路。

② 测量整流、滤波和稳压的输出波形,并将测试结果记录在表 6-7-1 中。

a. 电路检查无误,接通电源,调节自耦变压器次级的电压 U_2 值为 18 V。

b. 在 A、B、C、D、E 都断开的情况下,用示波器测出 A、G 之间的电压波形,正确记录其周期 T 和电压峰值 U_P,并画出相应的波形。

c. 接通 A、B 之间的连线,观察波形发生怎样的变化,做出记录。

d. 再将 B、C 接通,用示波器分别观察 C 和 D 的波形,做出记录。

e. 电源加上负载,将 D、E 接通,在滑动变阻器的阻值由大至小变动时,波形又发生怎样的变化,做出记录。

【注意】 观察波形一定要将滑动变阻器的阻值调到最大值。

表 6-7-1 集成稳压电路测试记录表

测试操作	输出波形
1. 在 A、B、C、D、E 都断开的情况下,用示波器测出 A、G 之间的电压波形,正确记录其周期 T 和电压峰值 U_p(整流后)	
2. 接通 A、B 之间的连线,观察波形的变化并记录,画出波形,记录此时的电压值(滤波后)	
3. 接通 B、C 之间的连线,用示波器观察 C 和 D 的波形,并分别做出记录(稳压后)	
4. 电源加上负载,将 D、E 接通,在滑动变阻器的阻值由大至小变动时,波形又将发生怎样的变化,并做出记录(负载特性)	

③ 测定稳压电源的电压调整特性,求出调整因数 S_u。

a. 将直流毫安表接在 D、E 之间,调节滑动变阻器,使毫安表的读数为 100 mA。在此条件下,测定稳压电源的输出电压 U_o(D、G 两端)和输入电压 U_i(C、G 两端)。

b. 逐点变动自耦变压器的输出交流电压,测出对应的 U_i 和 U_o,直至 U_o 有明显变化为止。记录数据,画出电压调整特性曲线,并求出调整因数 S_u。

c. 测定稳压电源的负载特性(电流调整特性),求出该稳压电源的输出电阻 R_o。将毫安表拆除,用导线把 D、E 连接。先调节自耦变压器,使变压器 B 的输出电压 U_2 为 18 V,然后由大到小逐点调节滑动变阻器,测出对应的 U_o 及 I_o。通过测量 10 Ω 定值电阻两端电压求得),记录数据,画出对应的负载特性曲线,并求出输出电阻 R_o。

d. 测定稳压电源的输入和输出纹波电压 $\widetilde{U}_i$ 和 $\widetilde{U}_o$。

在变压器的输出电压 U_2 为 18 V 的情况下,用示波器和晶体管毫伏表分别测出在 I_o 为

0 时和 500 mA 时的输入纹波电压 $\widetilde{U}_i$(C、G 两端)和输出纹波电压 $\widetilde{U}_o$(D、G 两端)。

6.7.5 EDA 实验仿真

应用 Multisim 软件,参照实验原理图,搭建仿真实验电路图。

① 将实验元器件按照原理图的排列方式从左至右依次排列,电路左侧为输入端口,右侧为输出端口;

② 将交流信号源输出调为 50 Hz、220 Vrms,接入变压器的输入端;

③ 选择桥式整流电路随变压器的输出进行整流;

④ 选择合适的测量工具,分别测量电路中各节点及支路的电压和电流;

⑤ 选用合适的示波器,分配好示波器的测量端口,用示波器观察信号的输入和输出波形;

⑥ 参照实验内容进行相应实验参数的测量,并按照对应表格填写相应的实验测试数据。

如图 6-7-3 所示为按照实验原理图及实验要求搭建的仿真实验电路图。万用表 XMM4 测量的是变压器的输出信号,XMM1~XMM3 分别测量滤波、稳压后的输出信号。示波器 XSC1 通道 A 测量整流后的输出波形,通道 B 测量第一级滤波后的输出波形,通道 C 测量稳压后的输出波形。

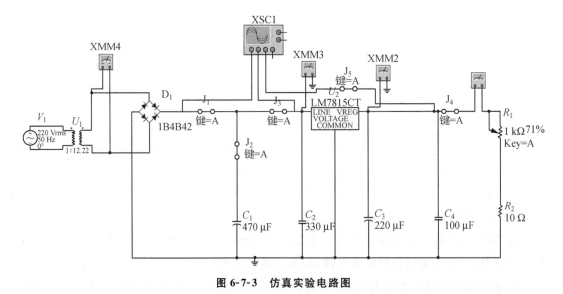

图 6-7-3 仿真实验电路图

6.7.6 注意点

① 搭接电路时,切勿带电操作;

② 搭接实验电路时,务必保证线路、仪器的地线搭接正常;

③ 搭接测量仪器时,务必遵循实验仪器的使用要求,注意正负极,注意整流桥的连接

方式；

④ 实验结束后，务必整理好实验室桌面仪器，保存好实验数据。

6.7.7　实验报告撰写要求

① 叙述集成稳压电路的工作原理。

② 实验电路搭建与测试。

③ 整理实验数据，并进行分析：

a. 总结集成稳压电路各部分的电压和波形的特点，并做出波形图；

b. 列出稳压电源调整特性和负载特性的测量数据表，分别算出 S_u 和 R_o，并在坐标纸上绘制特性曲线图；

c. 列出输入和输出纹波电压数据。

④ 分析实验中出现的故障及排除的方法。

6.7.8　思考题

① 电路中加了不同大小的电容进行滤波起到什么作用？电容的大小对滤波有什么影响？

② 最后一级接入可变电阻负载，研究负载的变化对稳压的影响，分析电路串联 10 Ω 小电阻的作用？

6.8　晶体管收音机

6.8.1　实验目的

① 了解晶体管收音机电路的组成及工作原理。
② 学会组装一台八管半导体超外差式收音机。
③ 学会收音机的调试。

6.8.2　实验原理

晶体管收音机一般可分为高放式和超外差式两类，通常采用超外差式晶体管收音机。超外差式收音机的原理方框图如图 6-8-1 所示。

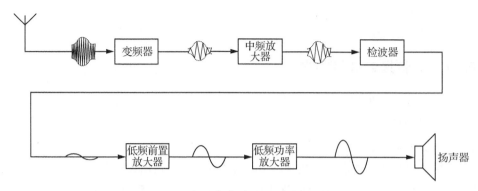

图 6-8-1　超外差式收音机的原理方框图

如图 6-8-1 所示，接收天线将由广播电台播放的高频调幅波接收下来，先通过变频器把外来的高频调幅波信号频率转变成一个较低的、介于低频与高频之间的固定频率——465 kHz，称为中频，然后由中频放大器将变频的中频信号进行放大，经检波器检出音频信号，再经过低频前置放大器和低频功率放大器；最后推动扬声器将音频信号转变为声音。

通常，我们将从天线到检波为止的电路部分称为高频部分，而将从检波到扬声器为止的电路部分称为低频部分。根据不同的收听要求，超外差式收音机的电路形式是多种多样的。图 6-8-2 所示的则是六管超外差式收音机的电路方框图，它是由一级变频、二级中放、二级低放组成的。

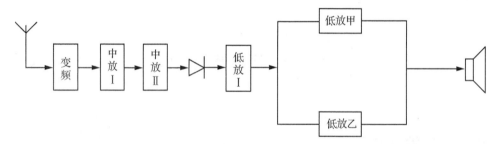

图 6-8-2　六管超外差式收音机的电路方框图

图 6-8-3 是八管半导体超外差式收音机的电路原理图。

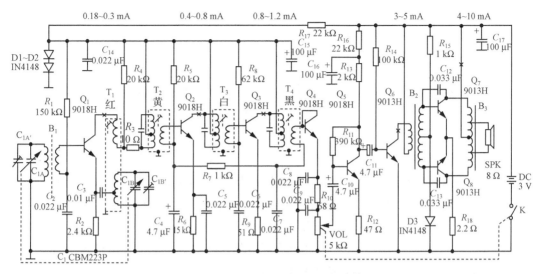

图 6-8-3　八管半导体超外差式收音机的电路原理图

下面将各个部分工作原理简单叙述如下。

1. 输入电路

晶体管收音机的输入电路多数由磁棒天线组成。在磁棒上面绕有天线线圈、调谐线圈和耦合线圈。在这个电路中,由于磁棒的导磁性很好,对电磁波的吸收能力强,于是空中的电磁波集中地通过磁棒,使磁棒上的调谐线圈中能感应出较高的感应电压。这时利用 LC 并联谐振的原理,改变 C 的大小就可以把要收听的电台信号选出来,把其他电台的信号滤掉,完成选择电台的任务。因互感的作用,将选择到的信号由调谐线圈耦合到耦合线圈,作为变频器的输入信号,这就是输入电路的工作原理。

2. 变频器

变频器把接收到的高频信号($f_{信}$)和由收音机内部振荡器(本机振荡)产生的振荡信号($f_{振}$)这两种不同频率的信号同时作用于晶体管的输入端,由于晶体管的非线性,在晶体管输出端就将获得各种频率($f_{信}$、$f_{振}$、$f_{信}+f_{振}$、$f_{振}-f_{信}$)的信号。然后,只要用调谐于 $f_{振}-f_{信}$(固定中频,一般为 465 kHz)的谐振回路(中周变压器)取出需要的中频信号,就完成了变换频率的任务。由此可见,变频器就是振荡器、混频器及中周变压器的组合电路。

3. 中频放大器

在晶体管超外差式收音机中,中频放大器是相当重要的一级。它对于机器的灵敏度、选择性、失真度及自动增益控制的好坏,都起着决定性的作用。

经过变频的中频信号,由第一个中频变压器的初级线圈和电容器组成的谐振回路选出,通过互感的作用由次级送到第一级中放三极管的基极加以放大。放大的中频信号,再经过第二个中频变压器的谐振回路,进一步选择,由互感作用通过次级送到第二级中放三极管的基极再次放大。然后由第三个中频变压器再一次选择送到检波器去。由此可以看出,经过两级中放可以获得较高的增益,并且采用谐振回路作负载,经几次选择,能使选择性提高很多。

4. 检波器和自动增益控制电路

（1）检波器

由中频放大的中频信号，必须把调制在中频上的音频信号提取出来，这一步需由检波器来完成。检波的工作原理与电源整流的原理相似，不同的是检波二极管是对中频465 kHz的交流信号进行整流，并且得到的是音频信号而不是直流。

（2）自动增益控制电路

收音机接收远地和附近电台的信号强弱相差很大，而音量控制电位器只能控制音频电压的大小，不能控制变频和中频管的输入电压的大小。另外在接收远地电台时，特别是接收短波段，由于衰减的原因，会使收音机接收的信号忽强忽弱，收音机的声音就会忽高忽低。收音机中根据外来信号的大小来自动控制中频放大级三极管的基极偏流来改变中放级的电压增益的电路，这种电路就称为自动音量控制电路。

5. 低频前置放大电路

由检波输出的音频信号，还需要经过电压放大的功率放大再送到扬声器。电压放大这一级就称为前置放大电路。这一级放大电路要求能输出一定的信号强度，去推动功率放大电路的工作。

6. 功率放大电路

收音机电路中的功率放大电路一般采用乙类推挽电路，它将前级的信号再次加以放大，以达到规定的功率输出，去推动扬声器发音。

6.8.3 实验设备与器件

① +3 V 直流电源；
② 示波器；
③ 万用电表；
④ 低频和高频信号发生器；
⑤ 三极管、二极管、电阻、电容、电位器等。

6.8.4 实验内容

① 按图 6-8-3 的电路组装八管半导体超外差式收音机。
② 接线检查无误，接通电源，用万用表测量各三极管的电压，判断是否都处在正常工作状态。
③ 用低频信号发生器(100 Hz)检查前置放大器和功率放大器的工作是否正常。由向前分别注入适当大小的低频信号，从扬声器中听其音频声的响度和音质，就可以判断工作是否正常，也可以通过示波器观察信号波形。
④ 用高频信号发生器检查检波、中放、变频器。

a. 高频信号发生器的输出地线与收音机输入回路附近的地线相接,另一信号端需串入一个瓷介电容器和 1 kΩ 电阻一只;

b. 检查中频回路时,信号发生器应调至 465 kHz,且必须为调幅波,调幅度取 30%;

c. 检查天线回路时,在注入频率为 465 kHz,调幅度为 30% 的中频信号时,应将双联调至容量最大,否则灵敏度较低。

6.8.5 实验报告

① 分别叙述八管半导体超外差式收音机各部分的工作原理;
② 记录实验电路搭建与测试过程;
③ 记录分析讨论调试过程及调试过程中出现的问题是如何解决的。

第 7 章

数字电子实验

 ## 7.1 组合逻辑电路的分析与设计

7.1.1 实验目的

① 掌握组合逻辑电路的分析方法与测试方法。
② 了解组合逻辑电路的冒险现象及其消除方法。
③ 掌握组合逻辑电路的设计方法与测试方法。

7.1.2 实验原理

① 组合逻辑电路是最常见的逻辑电路之一,可以用一些常用的门电路来组合成具有其他功能的门电路。例如,根据与门的逻辑表达式 $Z=AB=\overline{\overline{AB}}$ 得知,可以用两个与非门组合成一个与门,还可以组合成更复杂的逻辑关系。

② 组合逻辑电路的分析是根据所给的逻辑电路,写出其输入与输出之间的逻辑函数表达式或真值表,从而确定该电路的逻辑功能。

③ 组合电路设计过程是在理想情况下进行的,即假设一切器件均没有延迟效应。但实际上并非如此,信号通过任何导线或器件都需要一段响应时间,由于制造工艺上的差别,各器件延迟时间的离散性很大,这就有可能在一个组合逻辑电路中,在输入信号发生变化时,产生错误的输出。这种输出出现瞬时错误的现象称为组合逻辑电路的冒险现象(简称险象)。本实验仅对逻辑冒险中的静态"0"型与"1"型冒险进行研究。

如图 7-1-1 所示电路,其输出函数 $Z=A+\overline{A}$,在电路达到稳定时,即静态时,输出 Z 总是 1。然而在输入 A 变化时(动态时)从图 7-1-1 可见,在输出 Z 的某些瞬间会出现 0,即当 A 经历 1→0 的变化时,Z 出现窄脉冲,即电路存在静态"0"型险象。

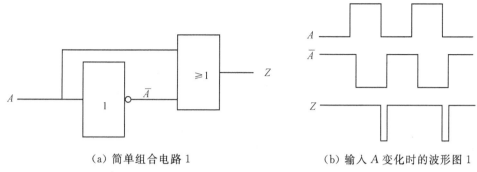

(a) 简单组合电路 1　　　　　(b) 输入 A 变化时的波形图 1

图 7-1-1　静态"0"型险象

同理,如图 7-1-2 所示电路,$Z=A\overline{A}$,存在静态"1"型险象。

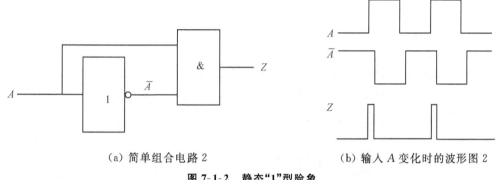

(a) 简单组合电路 2　　　　　(b) 输入 A 变化时的波形图 2

图 7-1-2　静态"1"型险象

进一步研究得知,对于任何复杂的按"与或"或"或与"函数式构成的组合逻辑电路中,只要出现 $A+\overline{A}$ 或 $A\overline{A}$ 的形式,必然存在险象。为了消除此现象,可以增加校正项,前者的校正项为被赋值各变量的"乘积项",后者的校正项为赋值各变量的"和项"。

除此之外还可以用卡诺图的方法来判断组合电路是否在静态险象,以及找出校正项来消除静态险象。

④ 使用中、小规模集成电路设计组合电路的一般步骤如下。

第一步,根据设计任务的要求,列出真值表。

第二步,用卡诺图或代数化简法求出最简约逻辑表达式。

第三步,根据逻辑表达式,画出逻辑图,用标准器件构成电路。

第四步,用实验来验证设计的正确性。

⑤ 组合逻辑电路设计举例

用"与非"门设计一个表决电路。当四个输入端中有三个或四个为"1"时,输出端才为"1"。

设计步骤:根据题意列出逻辑电路真值表(表 7-1-1),再填入卡诺图(图 7-1-3)中。

表 7-1-1　逻辑电路真值表

A	0	0	0	0	0	0	0	0	1	1	1	1	1	1	1	1
B	0	0	0	0	1	1	1	1	0	0	0	0	1	1	1	1
C	0	0	1	1	0	0	1	1	0	0	1	1	0	0	1	1
D	0	1	0	1	0	1	0	1	0	1	0	1	0	1	0	1
Z	0	0	0	0	0	0	0	1	0	0	0	1	0	1	1	1

CD \ AB	00	01	11	10
00	0	0	0	0
01	0	0	1	0
11	0	1	1	1
10	0	0	1	0

图 7-1-3　卡诺图

由卡诺图得出逻辑表达式,并化简成"与非"的形式。

$$Z = ABC + BCD + ACD + ABD = \overline{\overline{ABC}\,\overline{BCD}\,\overline{ACD}\,\overline{ABD}}$$

最后画出用"与非门"构成的逻辑电路,如图 7-1-4 所示。

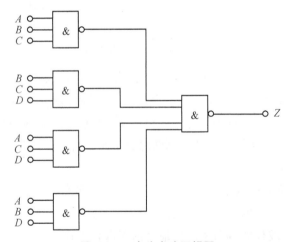

图 7-1-4　表决电路逻辑图

7.1.3　实验设备与器件

① +5 V 直流稳压电源;
② 双踪示波器;
③ 连续脉冲源;
④ 逻辑电平开关;
⑤ 直流数字电压表;
⑥ 继电器;
⑦ 蜂鸣器;
⑧ 0-1 指示器;
⑨ 芯片:74LS00、CD4001、74HC00、CD4030、CD4071;
⑩ 电阻:100 Ω、470 Ω、3 kΩ;
⑪ 电位器:47 kΩ、10 kΩ、4.7 kΩ。

7.1.4 实验内容

1. 分析、测试用与非门 74LS00 组成的半加器的逻辑功能

① 写出图 7-1-5 各逻辑门输出端的逻辑表达式。

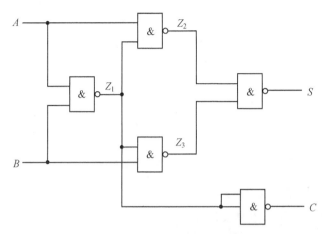

图 7-1-5 由与非门组成的半加电路

② 根据表达式列出真值表(表 7-1-2),并画出卡诺图判断能否简化。

表 7-1-2 真值表 1

A	B	Z_1	Z_2	Z_3	S	S
0	0					
0	1					
1	0					
1	1					

③ 根据图 7-1-5,在实验箱选定两个 14P 插座,插好两片 74LS00,并接好连线,A、B 两输入端接至逻辑开关的输出插口。S、C 分别接至逻辑电平显示输出插口。按表 7-1-3 的要求进行逻辑状态的测试,并将结果填入表 7-1-3 中,同时与上面真值(表 7-1-2)进行比较,两者是否一致。

表 7-1-3 真值表 2

A	B	S	C
0	0		
0	1		
1	0		
1	1		

2. 分析、测试用异或门 CD4030 和与非门 74LS00 组成的半加器逻辑电路

根据半加器的逻辑表达式可知,半加器的和 S 是 A、B 的异或,而进位 C 是 A、B 的相与,故半加器可用一个集成异或门和两个与非门组成,如图 7-1-6 所示。测试方法同 7.1.4 中"1.分析、测试用与非门 74LS00 组成的半加器的逻辑功能"部分第③项,并将测试结果填入自拟表格中,验证逻辑功能。

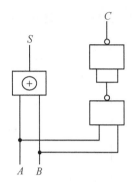

图 7-1-6 半加器逻辑电路

3. 分析、测试全加器的逻辑电路

① 写出图 7-1-7 电路的逻辑表达式。

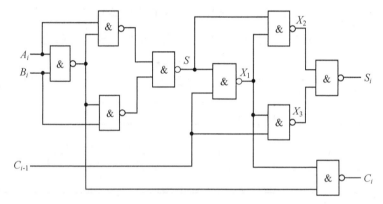

图 7-1-7 由与非门组成的全加器电路

② 列出真值表(表 7-1-4)。

表 7-1-4 真值表 3

A_i	B_i	C_{i-1}	S	X_1	X_2	X_3	S_i	C_i
0	0	0						
0	1	0						
1	0	0						
1	1	0						
0	0	1						
0	1	1						
1	0	1						
1	1	1						

③ 根据真值表填写逻辑函数 S_i、C_i 的卡诺图(图 7-1-8)。

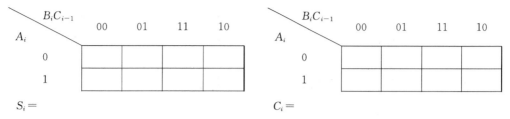

图 7-1-8 S_i、C_i 的卡诺图

④ 按图 7-1-7 要求,选择与非门并接线,进行测试,将测试结果填入表 7-1-5,并与上面真值表 7-1-4 进行比较,验证逻辑功能。

表 7-1-5 真值表 4

A_i	B_i	C_{i-1}	S_i	C_i
0	0	0		
0	1	0		
1	0	0		
1	1	0		
0	0	1		
0	1	1		
1	0	1		
1	1	1		

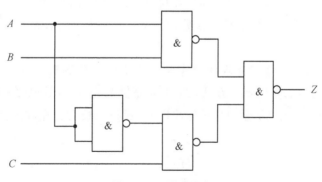

图 7-1-9 冒险现象

4. 分析、测试用异或门、或非门组成的全加器逻辑电路

全加和为 $S_i = (A_i \oplus B_i) \oplus C_{i-1}$

进位为 $C_i = (A_i \oplus B_i) \oplus C_{i-1} + A_i B_i$

根据全加器的逻辑表达式可知一位全加器可以用两个异或门、两个与门和一个或门组成。

① 画出用上述门电路实现的全加器逻辑电路。

② 按所画的原理图,选择器件,并在实验箱上接线。

③ 进行逻辑功能测试,并将测试结果填入自拟表格中,判断测试是否正确。

5. 观察冒险现象

按图 7-1-9 接线,当 $B=1$,$C=1$ 时,A 输入矩形波($f=1$ MHz 以上),用示波器观察 Z 输出波形,并采用添加校正项的方法消除险象。

6. 设计一个四人无弃权表决电路(多数赞成则提案通过)

本设计要求采用四 2 输入与非门实现。

要求按前文所述的设计步骤进行,直到测试电路逻辑功能符合设计要求为止。

7. 设计一个保险箱的数字代码锁

该锁有规定的 4 位代码 A、B、C、D 的输入端和一个开箱钥匙信号的输入端,锁的代码由实验者自编(如 1001)。当用钥匙开箱时($E=1$),LED 灯亮;当未用钥匙开箱,电路会发出报警信号($Z=1$)。要求使用最少的与非门来实现,检测并记录实验结果。

8. 设计一个对两个两位无符号的二进制数进行比较的电路

根据第一个数是否大于、等于、小于第二个数,使相应的三个输出端中的一个输出为"1"。

7.1.5 EDA 实验仿真

应用 Multisim 软件,参照实验原理图,搭建仿真实验电路图。

① 将实验元器件按照原理图的排列方式从左至右依次排列;

② 设置高电平输入电路和低电平输入电路,分析在不同输入条件下的输出电平;

③ 选择合适的测量工具,分别测量电路中各节点及支路的电压;

④ 参照实验内容进行相应实验参数的测量,并按照对应表格填写相应的实验测试数据。

图 7-1-8 所示为按照实验原理图及实验要求搭建的仿真实验电路图。采用电源、开关、发光二极管、电阻、地串接的方式,给电路提供高电平和低电平;万用表 XMM4~XMM6 工作在直流挡,用来测量对应的输出电平,通过二极管的亮和灭体现电路电平的高和低。

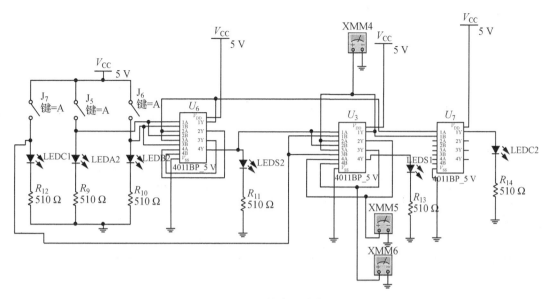

图 7-1-10 仿真实验电路图

7.1.6 注意点

① 搭接电路时,切勿带电操作。
② 搭接实验电路时,务必保证线路、仪器的地线搭接正常。
③ 搭接测量仪器时,务必遵循实验仪器的使用要求,注意正负极。
④ 实验结束后,务必整理好实验室桌面仪器,保存好实验数据。

7.1.7 实验报告撰写要求

① 整理实验数据、图表,并对实验结果进行分析讨论。
② 总结组合逻辑电路的分析与测试方法。
③ 对险象进行讨论。
④ 列出实验任务的设计过程,画出设计的电路图。
⑤ 对所设计的电路进行实验测试,记录测试结果。

7.1.8 思考题

试将电路的逻辑表达式填入表 7-1-6,并验证上述逻辑图的逻辑功能。

表 7-1-6 电路的逻辑表达式

电路	表达式
由与非门构成的半加器电路的逻辑表达式	$Y_1 = $ _____ ; $S = $ _____ ; $C = $ _____
由异或门、与非门构成的半加器电路的逻辑表达式	$Z_1 = $ _____ ; $Z_2 = $ _____ ; $Z_3 = $ _____ $S = $ _____ ; $C = $ _____
由与非门构成的全加器电路的逻辑表达式	$X_1 = $ _____ ; $X_2 = $ _____ ; $X_3 = $ _____ $S = $ _____ ; $S_i = $ _____ ; $C_i = $ _____

7.2 译码器及其应用

7.2.1 实验目的

① 通过实验进一步加深对有关译码器、数据分配器工作原理的理解。
② 掌握中规模集成二进制译码器的逻辑功能和使用方法。
③ 掌握显示用集成七段译码器的逻辑功能和使用方法。
④ 掌握显示用集成七段译码驱动电路的使用、熟悉七段 LED 数码管的功能及使用。

7.2.2 实验原理

译码器是一种典型的组合逻辑电路,在数字系统中具有广泛的应用。它不仅用于代码的转换、终端的数字显示,还用于数据分配、存储器寻址和产生组合控制信号等。它的主要功能是将特定的代码(如二进制码、BCD 码等)"翻译"成相应的有效控制信号,用以驱动显示器件、控制存储器片选及各种时序执行机构等。对于不同的使用场合和功能要求可选用不同种类的译码器。

译码器可分为通用译码器(如二进制译码器、二-十进制译码器)和显示译码器两大类。

1. 二进制译码器

二进制译码器有 n 个代码输入端、2^n 个信号输出端和一个(也可能几个)使能输入端。n 个代码输入端可输入 2^n 组不同的代码组合状态,也就能译出 2^n 个不同的输出端输出有效电平。具体来说,对应于每一组输入代码,只要其中一个信号输出端输出有效电平,其余输出端则为相反电平。此类译码器如 2-4 线、3-8 线和 4-16 线译码器等。

74LS138 是一片中规模集成 TTL3-8 线译码器,其引脚排列如图 7-2-1 所示。

图 7-2-1 中 A_2、A_1、A_0 为代码输入端,$Y_0 \sim Y_7$ 是译码输出端,G_1、G_{2A} 和 G_{2B} 是三个使能输入端,只有当 $G_1=1,G_{2A}+G_{2B}=0$ 时,译码器才工作,$Y_0 \sim Y_7$ 中只有一个与输入代码状态组合相对应的输出端输出有效信号(低电平),其余七个输出端均为高电平。

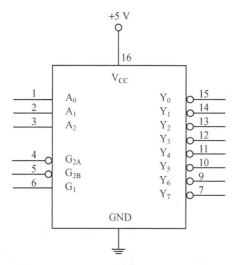

图 7-2-1　3—8 线译码器 74LS138 引脚排列

当 $G_1=0,G_{2A}+G_{2B}=×$ 时或 $G_1=×,G_{2A}+G_{2B}=1$ 时,译码被禁止,所有输出端均为高电平。其功能表如表 7-2-1 所示。

表 7-2-1　74LS138 功能表

输入					输出							
G_1	$G_{2A}+G_{2B}$	A_2	A_1	A_0	Y_0	Y_1	Y_2	Y_3	Y_4	Y_5	Y_6	Y_7
1	0	0	0	0	0	1	1	1	1	1	1	1
1	0	0	0	1	1	0	1	1	1	1	1	1
1	0	0	1	0	1	1	0	1	1	1	1	1
1	0	0	1	1	1	1	1	0	1	1	1	1
1	0	1	0	0	1	1	1	1	0	1	1	1
1	0	1	0	1	1	1	1	1	1	0	1	1
1	0	1	1	0	1	1	1	1	1	1	0	1
1	0	1	1	1	1	1	1	1	1	1	1	0
0	×	×	×	×	1	1	1	1	1	1	1	1
×	1	×	×	×	1	1	1	1	1	1	1	1

此类译码器的功能如下。

① 根据输入地址的不同组合译出唯一地址,故可用作地址译码器。

② 二进制译码器实际上也是一种数据分配器。若利用使能端中的一个输入端来输入

数据信息,利用代码输入端作为输出通道选择的地址码输入,器件就成为一个数据分配器(又称多路分配器),如图 7-2-2 所示。若在 G 端输入数据信息,G_{2A} 和 G_{2B} 端接低电平,地址码所对应的输出是 G_1 端数据信息的反码,若从 G_{2A} 端输入数据信息,G_1 接高电平,G_{2B} 接低电平,则地址码所对应的输出就是数据信息的原码。若数据信息是时钟脉冲,则数据分配器便成为脉冲分配器。

③ 二进制译码器还能方便地实现逻辑函数,如图 7-2-3 所示,实现的逻辑函数是:

$$Z = \overline{A}\,\overline{B}\,\overline{C} + \overline{A}B\,\overline{C} + A\,\overline{B}\,\overline{C} + ABC$$

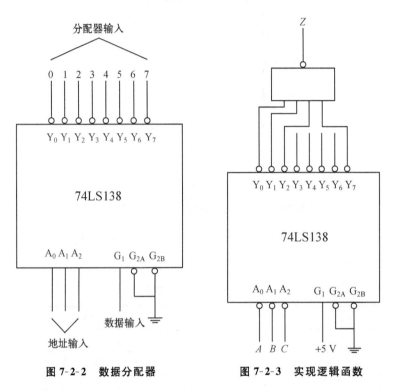

图 7-2-2　数据分配器　　图 7-2-3　实现逻辑函数

若用两片 74LS138 进行连接,可方便地组成一个如图 7-2-4 所示的 4—16 线译码器。

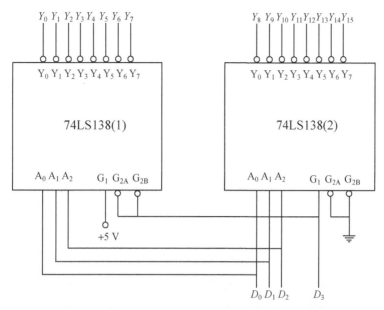

图 7-2-4　用两片 74LS138 组合成 4—16 线译码器

2. 数码显示译码器

此类译码器一般包含译码和驱动两部分功能,它将输入的 BCD 码转变为直接驱动七段发光二极管(LED)数码管或七段液晶显示器(LCD)的发光信号。

(1) 七段 LED 数码管

LED 数码管是目前最常用的数字显示器件之一,一个 LED 数码管可用于显示一位 0～9 的十进制数和一个小数点,其内部结构有共阴和共阳两种连接形式,分别适用于高电平驱动和低电平驱动两种点亮方式。图 7-2-5 所示(a)和(b)为两种结构的内部电路图,图 7-2-5(c)为两种不同出线形式的引脚功能图。

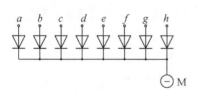　　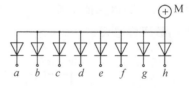

　(a) 共阴连接("1"电平驱动)　　　　(b) 共阳连接("0"电平驱动)

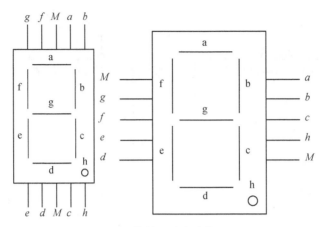

(c) 符号及引脚功能

图 7-2-5　LED 数码管

小型数码管（0.5 寸和 0.36 寸）每段发光二极管的正向压降随显示光（通常为红、绿、黄、橙）的颜色不同而略有差别，通常为 2~2.5 V，每个发光二极管的点亮电流在 5~10 mA。LED 数码管要显示 BCD 码所对应的十进制数，就需要由七段译码驱动器加以译码及提供相当的驱动能力。

(2) BCD 码七段译码驱动器

此类器件常用型号有 74LS47（共阴）、74LS48（共阳）、74HC/CD4511（共阴）等，这些都是用于驱动 LED 数码管的，还有如 CD4543 是用于驱动七段液晶显示器（LCD）的。

本实验采用 CMOS 的 CD4511 BCD 码锁存/七段译码/驱动器，用以驱动共阴极的 LED 数码管。

如图 7-2-6 所示为 CD4511 的引脚图。CD4511 内部接有上拉电阻，其输出高电平电流 I_{OH} 达到 25 mA 以上，足以驱动任何发光二极管，在实际连接 LED 数码管时应串接适当的限流电阻（240~470 Ω）以保证正常工作。该译码器还有拒伪码功能，当输入码超过 1001 时，输出量为 0，数码管熄灭。

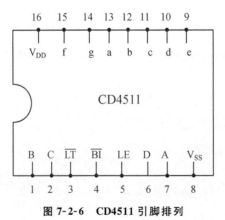

图 7-2-6　CD4511 引脚排列

其中：

A、B、C、D——BCD 码输入端；

$a、b、c、d、e、f、g$——译码输出端，输出"1"有效，用以驱动共阴极 LED 数码管；

$\overline{LT}$——测试输入端，当 LT＝"0"时，译码输出全为"1"，七段 LED 全亮，用于测试数码管是否缺少笔画。

$\overline{BI}$——消隐输入端，当 BI＝"0"时，译码输出全为"0"；

LE——锁存端，当 LE＝"1"时，译码器处于锁存状态，译码输出保持在 LE 变为高电平之前一瞬间 A～D 输入端 BCD 码所对应的十进制数，LE＝0 时为正常译码状态。

表 7-2-2 **CD4511 功能表**

____	____	____	输入	____	____	____	____	____	输出	____	____	____	____
LE	$\overline{BI}$	$\overline{LT}$	D	C	B	A	a	b	c	d	e	f	g	显示字形
		0					1	1	1	1	1	1	1	8
	0	1					0	0	0	0	0	0	0	消隐
0	1	1	0	0	0	0	1	1	1	1	1	1	0	0
0	1	1	0	0	0	1	0	1	1	0	0	0	0	1
0	1	1	0	0	1	0	1	1	0	1	1	0	1	2
0	1	1	0	0	1	1	1	1	1	1	0	0	1	3
0	1	1	0	1	0	0	0	1	1	0	0	1	1	4
0	1	1	0	1	0	1	1	0	1	1	0	1	1	5
0	1	1	0	1	1	0	0	0	1	1	1	1	1	6
0	1	1	0	1	1	1	1	1	1	0	0	0	0	7
0	1	1	1	0	0	0	1	1	1	1	1	1	1	8
0	1	1	1	0	0	1	0	0	0	0	0	0	0	消隐
0	1	1	1	0	1	0	0	0	0	0	0	0	0	消隐
0	1	1	1	0	1	1	0	0	0	0	0	0	0	消隐
0	1	1	1	1	0	0	0	0	0	0	0	0	0	消隐
0	1	1	1	1	0	1	0	0	0	0	0	0	0	消隐
0	1	1	1	1	1	0	0	0	0	0	0	0	0	消隐
0	1	1	1	1	1	1	0	0	0	0	0	0	0	消隐
1	1	1							锁存					锁存

7.2.3 实验设备与器件

① ＋5 V 直流稳压电源；
② 双踪示波器；
③ 连续脉冲源；
④ 逻辑电平开关；
⑤ 集成电路：74LS138，CD4511；
⑥ LED 数码管（共阴极）；
⑦ 0-1 指示器；
⑧ 470 Ω 电阻；
⑨ 拨码开关组。

7.2.4 实验内容

1. 74LS138 译码器逻辑功能测试

将 74LS138 的 G_1、G_{2A}、G_{2B} 及代码输入端 A_2、A_1、A_0 分别接至逻辑电平开关输出端,八个输出端 $Y_0 \sim Y_7$ 依次连接在 0-1 电平指示器的八个输入口上(图 7-2-7)。

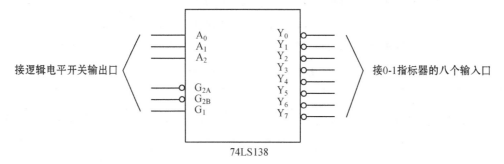

图 7-2-7 实验内容 1 连接图

接通电源,通过拨动逻辑电平开关,按表 7-2-3 逐项测试 74LS138 逻辑功能,并记录数据。

表 7-2-3　74LS138 逻辑功能表

输入						输出							
$\overline{E_1}$	$\overline{E_2}$	E_3	A_2	A_1	A_0	$\overline{Y_0}$	$\overline{Y_1}$	$\overline{Y_2}$	$\overline{Y_3}$	$\overline{Y_4}$	$\overline{Y_5}$	$\overline{Y_6}$	$\overline{Y_7}$
0	0	1	0	0	0								
0	0	1	0	0	1								
0	0	1	0	1	0								
0	0	1	0	1	1								
0	0	1	1	0	0								
0	0	1	1	0	1								
0	0	1	1	1	0								
0	0	1	1	1	1								
1	×	×	×	×	×								
×	1	×	×	×	×								
×	×	0	×	×	×								

2. 用 74LS138 构成时序脉冲分配器

参照图 7-2-1 和实验原理说明进行连接。G_1 端接 CP 连续脉冲源,输入 10 kHz 方波,如图 7-2-7 所示 A_2、A_1、A_0 接逻辑电平开关。

接通电源,用示波器观察和记录在 A_2、A_1、A_0 分别输入 000~111 八种不同状态时 $Y_0 \sim Y_7$ 端的输出波形,并注意输出波形与 G_1 端输入波形之间的相位关系(双踪显示)。

3. 用两片 74LS138 组成 4-16 线译码器

用两片 74LS138 按图 7-2-4 组合成一个 4-16 线译码器,并进行 7.2.4 实验内容 1 的实验。

4. 七段译码驱动器和 LED 数码管的使用

将 BCD 码七段译码驱动器 CD4511 与共阴极 LED 数码管按如图 7-2-8 所示连接。

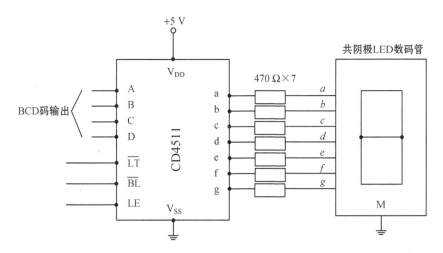

图 7-2-8　七段译码驱动器与 LED 数码管的连接

将实验箱中的四组拨码开关的输出 A_i、B_i、C_i、D_i 分别接至 4 个显示译码/驱动器 CD4511 的对应 BCD 码输入口；LE、$\overline{BL}$、$\overline{LT}$ 分别接至三个逻辑开关的输出口。接上+5 V 电源，然后按功能表(表 7-2-4)的要求按动四个数码的增减键("＋"与"－"键)和操作三个逻辑开关，观察码盘上的四位数与 LED 数码管显示的对应数字是否一致，以及译码显示是否正常。将观测结果记录在功能表(表 7-2-4)中。

表 7-2-4　功能表

输入							输出						
LE	$\overline{BL}$	$\overline{LT}$	D_3	D_2	D_1	D_0	a	b	c	d	e	f	g	显示字形
0	1	1	0	0	0	0								
0	1	1	0	0	0	1								
0	1	1	0	0	1	0								
0	1	1	0	0	1	1								
0	1	1	0	1	0	0								
0	1	1	0	1	0	1								
0	1	1	0	1	1	0								
0	1	1	0	1	1	1								
0	1	1	1	0	0	0								
0	1	1	1	0	0	1								
0	1	1	1010－1111											
		0												
	0	1												
1	1	1												

7.2.5 EDA 实验仿真

应用 Multisim 软件,参照实验原理图,搭建仿真实验电路图。

① 将实验元器件按照原理图的排列方式从左至右依次排列。

② 设置高电平输入电路和低电平输入电路,分析在不同输入条件下的输出电平。

③ 选择合适的测量工具,分别测量电路中各节点及支路的电压。

④ 参照实验内容进行相应实验参数的测量,并按照对应表格填写相应的实验测试数据。

图 7-2-9(a)(b)(c)为按照实验原理图及实验要求搭建的仿真实验电路图。采用电源、开关、发光二极管、电阻、地串接的方式,给电路提供高电平和低电平,万用表工作在直流挡,用来测量对应的输出电平,通过二极管的亮和灭体现电路电平的高低。

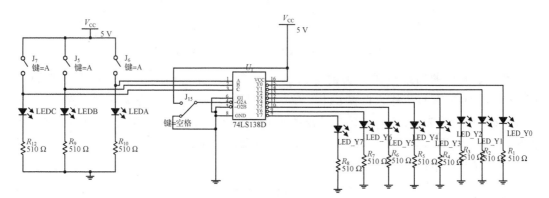

(a) 74LS138 3-8 译码器开关选择仿真电路

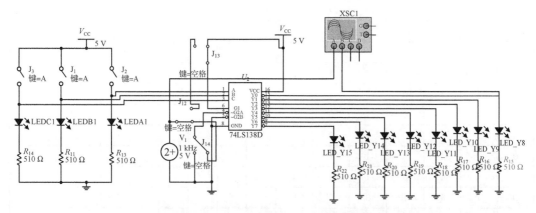

(b) 74LS138 3-8 译码器频率信号选择仿真电路

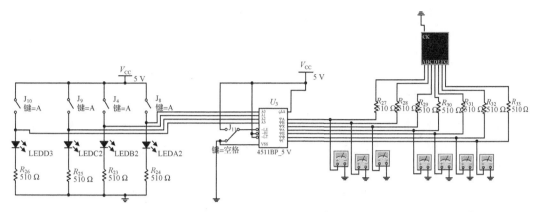

(c) CD4511 BCD 译码器仿真电路

图 7-2-9　仿真实验电路图

7.2.6　注意点

① 搭接电路时,切勿带电操作。
② 搭接实验电路时,务必保证线路、仪器的地线搭接正常。
③ 芯片使能端子需要给出有效电平才能正常工作。
④ 搭接测量仪器时,务必遵循实验仪器的使用要求,注意正负极。
⑤ 实验结束后,务必整理好实验室桌面仪器,保存好实验数据。

7.2.7　实验报告撰写要求

① 画出实验线路及记录表格,将实验观测得到的结果填入表格中。把观察到的波形画在坐标纸上,并标上对应的输入代码。
② 对实验结果进行分析、讨论。

7.2.8　思考题

① 结合组合逻辑电路的设计思想,能否用 74LS138 译码器去设计一个表决电路,试写出设计思路。
② 七段显示译码器输入端为什么需要接入电阻?

7.3　计数器及其应用

7.3.1　实验目的

① 进一步掌握计数器的工作原理,学习用集成触发器组成计数器的一般方法。

② 熟悉中规模集成电路计数器的逻辑功能及使用方法。
③ 掌握加法计数器、减法计数器、递增递减计数器的工作原理。
④ 运用集成计数器构成 $1/N$ 分频器。

7.3.2 实验原理

计数器是一种记录输入脉冲数目的时序逻辑电路,被计数的输入信号就是时序电路的时钟脉冲。它不仅可以计数,还可以用来完成其他特定的逻辑功能,如测量、定时控制、数字运算和分频等。

计数器有各种各样的电路构成方式,如按计数器中触发器翻转的次序来分类,可以分为异步计数器和同步计数器;按计数过程中输出数字的增减趋势分类,可以分为加法计数器、减法计数器和可逆计数器;按输出的不同计数制,又可分为二进制计数器、十进制计数器;还有可预置数字和可编程序功能计数器等。目前,无论是 TTL 还是 CMOS 集成电路,都有品种较齐全的中规模集成计数电路,使用者只需借助于器件手册提供的功能表和工作波形图及引出端的排列,就能方便地运用这些器件。

1. 用集成触发器构成异步二进制加/减法计数器

异步计数器速度较慢,但它的特点是结构比较简单。

(1) 用 JK 触发器构成异步二进制加/减法计数器

将四只 JK-FF 按如图 7-3-1 所示进行连接,便构成了一个四位异步二进制加法计数器(递增计数器)。其中各触发器的 J、K 端接高电平(TTL 电路 J、K 端可悬空),使之处于计数状态,低位触发器的 Q 端与相邻高位触发器的 CP 端相连,最低位触发器的 CP 端作为计数脉冲输入端。

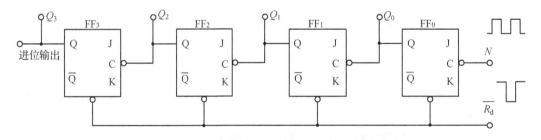

图 7-3-1 用 JK 触发器组成的异步二进制加法计数器

若将上图稍做改动,将低位触发器的 $\overline{Q}$ 端与相邻高位触发器的 CP 端相连,便构成了四位异步二进制减法计数器(递减计数器)。

(2) 用 D 触发器构成异步二进制加/减法计数器

若用四只 D-FF 组成四位异步二进制加法计数器,可按图 7-3-2 进行连接,其中每只 D-FF 接成 T 触发器,低位触发器的 $\overline{Q}$ 端与相邻高位触发器的 CP 端相连即可。

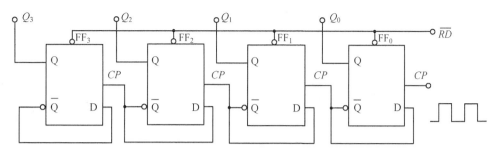

图 7-3-2　四位异步二进制加法计数器

若要改为减法计数器,学生可自行思考应如何改变连接方式。

2. 计数器的分频功能

用 JK 主从触发器组成的二进制递增计数器的工作波形如图 7-3-3 所示,可以看出,每经一级触发器,输出脉冲的周期就增加一倍,即频率降低为原来的一半。因此,一位二进制计数器就是一个二分频器,当触发器的个数有 n 个(n 位计数器)时,最后一个触发器输出的脉冲频率将降为输入脉冲频率的 $\frac{1}{2^n}$。所以,计数器又可作为分频器使用。

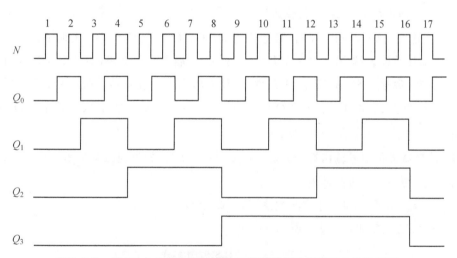

图 7-3-3　用 JK 主从触发器组成的二进制递增计数器的工作波形图

3. 中规模集成十进制计数器

74LS192 是 TTL 集成同步十进制可逆计数器,相同功能的 CMOS 电路型号为 CD40192,引脚排列也完全相同。该电路具有双时钟输入,并具有清零和预置数等功能。其引脚排列及逻辑符号如图 7-3-4 所示。它是一种 8421BCD 码计数器,计数输出状态为 0000～1001,可直接用于十进制数的处理。

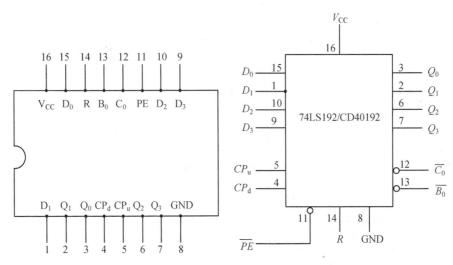

图 7-3-4　74LS192 引脚排列及逻辑符号

图中：

$Q_0 \sim Q_3$：计数器数据输出端（BCD 码并行输出）；

$D_0 \sim D_3$：预置数输入端（并行输入）；

$\overline{PE}$：预置控制端，当 $\overline{PE}=0$ 时，计数输出 $Q_3Q_2Q_1Q_0 = D_3D_2D_1D_0$，实现预置；

CP_u：加计数输入端，在 $CP_d=1$ 条件下，如 CP_u 端出现上跳变，则实现计数器加 1；

CP_d：减计数输入端，在 $CP_u=1$ 条件下，如 CP_d 端出现上跳变，则实现计数器减 1；

$\overline{C_0}$：计数器进位输出端，当 $Q_3Q_2Q_1Q_0=1001$ 时，如出现加 1 信号，则 $Q_3Q_2Q_1Q_0=0000$，同时 $\overline{C_0}$ 端产生一负脉冲进位信号；

$\overline{B_0}$：计数器借位信号输出端，当 $Q_3Q_2Q_1Q_0=0000$ 时，如出现减 1 信号，则 $Q_3Q_2Q_1Q_0=1001$，同时 $\overline{B_0}$ 端产生一负脉冲借位信号；

R：复位端，当 $R=1$ 时，计数器被清零，$Q_3Q_2Q_1Q_0=0000$。

74LS192 功能表如表 7-3-1 所示。

表 7-3-1　74LS192 功能表

输入								输出			
R	$\overline{PE}$	CP_u	CP_d	D_3	D_2	D_1	D_0	Q_3	Q_2	Q_1	Q_0
1	×	×	×	×	×	×	×	0	0	0	0
0	0	×	×	d	c	b	a	d	c	b	a
0	1	↑	1	×	×	×	×	加数器			
0	1	1	↑	×	×	×	×	减数器			

4. 计数器的级联使用

当需要计数的位数超出单个集成计数器能表示的位数时，可用多个芯片进行级联。一个十进制计数器只能表示 0~9 十个数，即一位十进制数。为了扩大计数范围，可将多个十进制计数器级联使用。同步计数器一般均设有进位(或借位)输出端,可逆计数器同时具有进位和借位两个输出端。多个计数器级联时,可选用其进位(或借位)输出信号驱动下一级计数器。

图 7-3-5 是由两个 74LS192(CD40192)利用低位计数器的进位输出 $\overline{C_0}$ 和借位输出 $\overline{B_0}$ 分别控制高位计数器的 CP_u 和 CP_d 的计数级联图,由此构成了两位十进制可逆计数器。当低位计数器在加计数情况下产生进位时,由 $\overline{C_0}$ 端输出一负脉冲,在这个负脉冲的上升沿驱动高位计数器加 1;同理,低位计数器在减计数情况下产生借位时,由 $\overline{B_0}$ 端输出一负脉冲,在这个负脉冲的上升沿驱动高位计数器减 1。

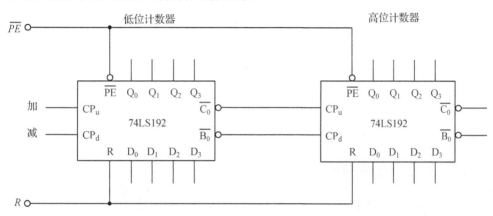

图 7-3-5　由两片 74LS192 扩展计数范围的级联方式

5. 实现任意进制计数

通常可以用复位法获得任意进制计数器。假定已有一个 N 进制计数器,而需要得到一个 M 进制计数器时,只要 $M<N$,用复位法使计数器计数到 M 时置"0"(复位),即可获得 M 进制计数器。如图 7-3-6 所示为一个由 74LS192 十进制计数器加上两个与非门从而实现逢计数值为 6 时复位的六进制计数器连接图。

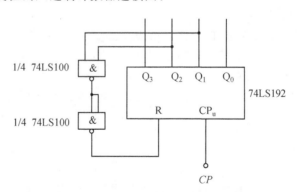

图 7-3-6　用进制法实现任意进制计数

图 7-3-7 是由两片 74LS192 级联,再通过复位法得到的一个十二进制计数器电路。在数字钟里,时位的计数序列是 1,2,…,12。当计数到 13 时(低位计数器为 0011,高位计数器为 0001),通过与非门产生一低电平复位信号。不过此信号不是加到 74LS192 的 R 复位端,而是加到 $\overline{PE}$ 端(预置控制端),使时十位(74LS192-2)直接置成 0000,而时个位

(74LS192-1)直接置成0001,从而实现1~12计数。

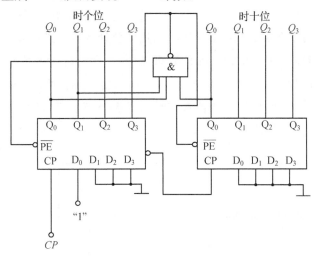

图 7-3-7 特殊十二进制计数器

7.3.3 实验设备与器件

① +5 V 直流稳压电源；
② 双踪示波器；
③ 连续脉冲源；
④ 单次脉冲源；
⑤ 逻辑电平开关；
⑥ 0-1 指示器；
⑦ 译码显示器；
⑧ 74LS74（或 CD4013）、74LS192（或 CD40192）、74LS00（或 CD4013）、74LS20（或 CD4012）。

7.3.4 实验内容

1. 74LS74 逻辑功能测试

测线连接图如图 7-3-8 所示，D 触发器功能表如表 7-3-2 所示。

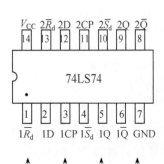

图 7-3-8 测试连接图

表 7-3-2 D 触发器功能表

$\overline{S_d}$	$\overline{R_d}$	D	CP	Q^{n+1}	$\overline{Q^{n+1}}$
0	1	×	×		
1	0	×	×		
0	0	×	×		
1	1	0	↑		
1	1	1	↑		
1	1	×	其他		

2. 用 D 触发器构成四位异步二进制计数器

① 用两片 74LS74(或 CD4013)连接成四位二进制异步递增计数器。$\overline{R_d}$ 接逻辑开关，最低位触发器的 CP 端接单次脉冲源，四个输出端 Q_3、Q_2、Q_1、Q_1 接逻辑电平显示输入插口，各 $\overline{S_d}$ 端接 $+V_{CC}$，经检查无误后接通电源。

② 先将 $\overline{R_d}$ 端置于低电平(通过逻辑开关实现)，使计数器清零，然后将 $\overline{R_d}$ 端置于高电平，使计数器处于正常工作状态。同时观察 $Q_3 \sim Q_0$ 的状态。最后逐个送入单次脉冲，观察并记录 $Q_3 \sim Q_0$ 的状态。

③ 将单次脉冲改为 1 Hz 连续脉冲源(CP 接函数发生器)，观察 $Q_3 \sim Q_0$ 的状态。

④ 将连续脉冲源的频率由 1 Hz 改为 1 kHz，用双踪示波器分别观察 CP、Q_0；Q_0、Q_1；Q_1、Q_2；Q_2、Q_3 的波形，并在图 7-3-9 上描绘 CP、Q_3、Q_2、Q_1、Q_0 的波形图。

⑤ 将电路中的低位触发器的 $\overline{Q}$ 端与相邻高位触发器的 CP 端相连接，构成递减计数器，按上述实验内容②③④进行实验，观察并记录 $Q_3 \sim Q_0$ 的状态，画出波形图。

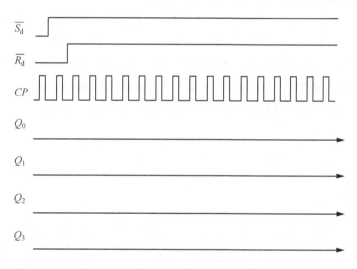

图 7-3-9 波形图

3. 74LS192(或 CD40192)同步十进制可逆可预置计数器的逻辑功能测试

① 74LS192 的 CP_u 和 CP_d 端分别接单次脉冲源，复位端 R、预置控制端 $\overline{PE}$、数据输入端 D_3、D_2、D_1、D_0 分别接逻辑开关，输入端 Q_3、Q_2、Q_1、Q_0 接实验设备的译码显示输入的相应插口 D、C、B、A，$\overline{C_0}$ 和 $\overline{B_0}$ 接逻辑电平显示插口。按表 3-1 逐项测试并判断该集成块的功能是否正常。

② 清零：令 $R=1$，其他输入为任意态，这时 $Q_3Q_2Q_1Q_0=0000$，译码数字显示为 0。清零功能完成后，置 $R=0$。

③ 置数：$R=0$，CP_u、CP_d 任意，预置数输入端通过拨动逻辑开关输入任意一组二进制数，然后令 $\overline{PE}=0$，观察计数译码显示输出，预置功能是否完成。此后置 $\overline{PE}=1$。

④ 加计数：令 $R=0$，$\overline{PE}=CP_d=1$，CP_u 接单次脉冲源。清零后送入 10 个单次脉冲，观察输出状态变化是否发生在 CP_u 的上升沿。

⑤ 减计数:令 $R=0$,$\overline{PE}=CP_u=1$,CP_d 接单次脉冲源,然后参照④进行实验。

4. 用两片74LS192组成两位十进制加减计数器(参照图7-3-5)

两芯片的 $D_0 \sim D_3$ 均接地。先令 $CP_d=1$,在 CP 端输入 1 Hz 连接脉冲,进行 00～99 的累加计数,并记录之;再令 $CP_u=1$,在 CP_d 端输入 1 Hz 连续脉冲,进行 99～00 的递减计数,并记录之。

5. 按图 7-3-6 进行实验,记录结果

6. 按图 7-3-7 进行实验,记录结果

7.3.5 EDA 实验仿真

应用 Multisim 软件,参照实验原理图,搭建仿真实验电路图。

① 将实验元器件按照原理图的排列方式从左至右依次排列,每个芯片都需要保证能够正常供电。

② 设置高电平输入电路和低电平输入电路,分析在不同输入条件下的输出电平。

③ 选择合适的测量工具,分别测量电路中各节点及支路的电压。

④ 参照实验内容进行相应实验参数的测量,并对照表格填写相应的实验测试数据。

图 7-3-10 所示为按照实验原理图及实验要求搭建的仿真实验电路图。采用电源、开关、发光二极管、电阻、地串接的方式,给电路提供高电平和低电平,通过二极管的亮和灭体现电路电平的高和低。

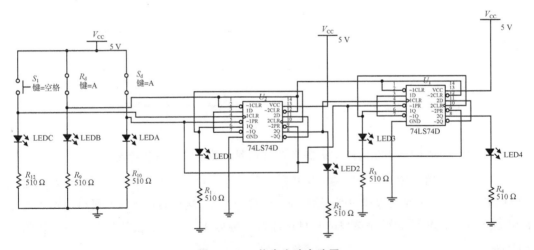

图 7-3-10 仿真实验电路图

7.3.6 注意点

① 搭接电路时,切勿带电操作。

② 搭接实验电路时,务必保证线路、仪器的地线搭接正常。

③ 搭接测量仪器时,务必遵循实验仪器的使用要求,注意正负极。

④ 每一个芯片都需要单独接电源和地线。
⑤ 实验结束后,务必整理好实验室桌面仪器,保存好实验数据。

7.3.7 实验报告撰写要求

① 画出实验线路图,记录、整理实验现象及实验所得的有关波形。对实验结果进行分析。
② 总结使用集成计数器的体会。

7.3.8 思考题

① 时钟端 CP 如果使用普通逻辑电平信号,可能会产生什么后果?(提示:将 D 触发器连接成 T 触发器,观察现象)
② 如何利用 2 片 74LS74 构成四位异步二进制减法计数器?

7.4 脉冲信号源的制作和脉冲分配器的应用

7.4.1 实验目的

① 熟悉 CD4060 带振荡器 14 级二进制串行计数器的结构和功能,学会使用 CD4060 组成一个可供实验使用的脉冲信号源。
② 熟悉带施密特逻辑的与非门逻辑芯片 74LS14 的功能和使用方法。
③ 熟悉集成时序脉冲分配器 CD4017、CD4022 的使用方法及其应用。

7.4.2 实验原理

① CD4060 是由 14 级主从触发器串接构成的 14 级二进制数器/分频器,内部还带有两级反相放大器构成的内振荡电路,其内部逻辑及引脚排列如图 7-4-1 所示。

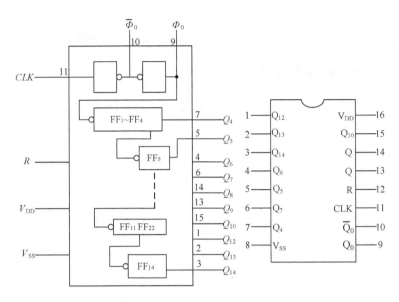

图 7-4-1 CD4060 内部逻辑及引脚排列图

$FF_1 \sim FF_3$ 无输出引出端，FF_{11} 也无输出引出端，所以输出端仅有 $Q_4 \sim Q_{10}$，$Q_{12} \sim Q_{14}$，共十个，当使用外部时钟时，CLK 为时钟输入端；当使用内部振荡器作频率源时，可在两反相器的输出端之间外接阻容元件（RC 电路）或石英晶体，此时器件可在无须外加时钟的情况下使用。因为内部各触发器串接而成，每一个触发器的输出作为下一级触发器的输入，所以每一个触发器输出端的频率为前一级的一半。因此，利用 CD4060 可以获得逐级分频的脉冲信号源。例如，最后一级 FF_{14} 的输出端的频率应为振荡器振荡频率的 $\frac{1}{2^{14}}$。

R 为复零端，当 R＝"H"时，所有触发器输出量为零状态，同时还会使时钟禁止输入或使内部振荡器停振；当 R＝"L"时，触发器为工作状态，其功能表见表 7-4-1。

表 7-4-1 CD4060 功能表

CLK	R	$Q_{14} \sim Q_4$
↑	L	不变
↓	L	加 1
×	H	全低

采用外接 RC 电路由内部振荡器产生脉冲信号输出的参考电路如图 7-4-2 所示，其振荡频率为 $f = \frac{1}{1.4RC}$。

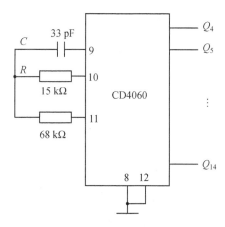

图 7-4-2　由 CD4060 组成的脉冲信号源

② 74LS14 共有 54/7414、54/74LS14 两种线路结构形式。74LS14 带施密特逻辑的与非门逻辑芯片引脚和内部结构图如图 7-4-3 所示，A 端为输入端，Y 端为输出端，一片芯片一共 6 路，即 1、3、5、9、11、13 为输入端，2、4、6、8、10、12 为输出端，输出结果与输入结果相反，即如果输入为高电平，那么输出为低电平；如果输入为低电平，那么输出为高电平。

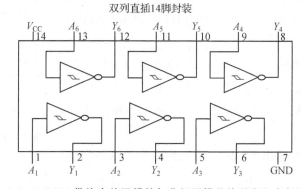

图 7-4-3　74LS14 带施密特逻辑的与非门逻辑芯片引脚和内部结构图

利用外接 R_t、C_t 元件，可产生振荡信号，利用示波器可测量振荡电容的波形，利用频率计可测量脉冲信号源的频率，调节电位器，得到不同电阻值对应的频率大小，因此可利用 74LS14 构成脉冲信号源，如图 7-4-4 所示。

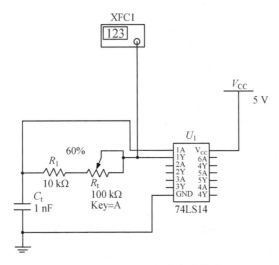

图 7-4-4　74LS14 振荡电路构成

③ CD4017 是中规模集成十进制(BCD)计数器/时序译码器，又称十进制计数/脉冲分配器，它是 4000 系列 CMOS 数字集成电路中应用最广泛的电路之一。CD4022 是按八进制计数/时序译码器组成的分配器，与 CD4017 的真值表形式上完全相同。

计数/脉冲分配器的作用是产生多路顺序脉冲信号，它可以由计数器和译码器组成，CP 端上的系列脉冲经 N 位二进制计数器和相应的译码器，可以转变为 2^N 路顺序输出脉冲，如图 7-4-5 所示。

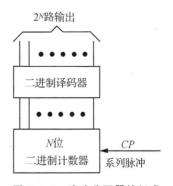

图 7-4-5　脉冲分配器的组成

CD4017 共有十路输出，CD4022 有八路输出，它们的逻辑符号及真值表如图 7-4-6 所示。

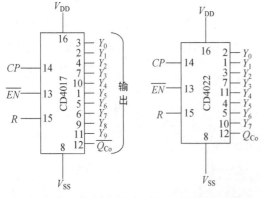

CP	$\overline{EN}$	R	输出
0	×	0	n
1	1	0	n
↑	0	0	$n+1$
↓	1	0	n
1	↓	0	$n+1$
1	↑	0	n
×	×	1	0

(a) CD4071 的逻辑符号　　(b) CD4022 的逻辑符号　　(c) 真值表

图 7-4-6　CD4017 与 CD4022 的逻辑符号及真值表

CD4017 的输出波形,如图 7-4-7 所示。

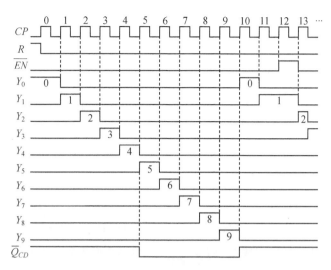

图 7-4-7　CD4017 的输出波形图

CD4017 的 $Y_0 \sim Y_9$ 为十个脉冲分配输出端,在任何时候,只有一个输出端输出为高电平(有效电平),其余为低电平;R 为清零端,在 R 端加高电平或正脉冲时,CD4017 内部设计数器全为零,经译码后只有对于"0"状态的输出端 Y_0 为高电平;$\overline{EN}$ 为使能端,CP 为计数时钟脉冲输入端,当 $\overline{EN}$ 为"0"时,CP 脉冲上升沿使计数器计数;或当 CP="1"时,$\overline{EN}$ 下降沿使计数器计数;Q_{CO} 为级联进位输出端,每输入 10 个时钟脉冲,就可得一个进位输出脉冲,因此进位输出信号可作为下一级计数器的时钟信号。

CD4017 应用十分广泛,可用于十进制计数、分频、$1/N$ 计数($N=2\sim10$),当要进行大于十的计数时,可用多块器件进行级连。图 7-4-8 所示为 60 分频电路。

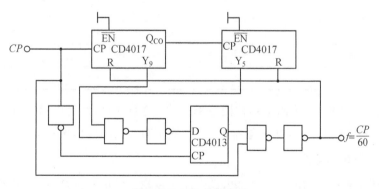

图 7-4-8　60 分频电路

7.4.3 实验设备与仪器

① +5V 直流稳压电源；
② 连续脉冲源；
③ 逻辑电平开关；
④ CD4060、74LS14、CD4017、CD4013、CD4027、CD4011；
⑤ 电阻 15 kΩ、68 kΩ；
⑥ 双踪示波器；
⑦ 单次脉冲源；
⑧ 0-1 指示器；
⑨ 电容 33 pF。

7.4.4 实验内容

1. 脉冲信号源的制作

① 用一片 74LS14 及电阻电容按图 7-4-4 所示进行连接，然后用示波器观察输出波形，利用频率计测量脉冲信号源的频率，调节电位器，得到不同电阻值对应的频率大小，并做出记录表（表 7-4-2）。

表 7-4-2 记录表

序号	C_t/nF	R_t/kΩ	F/kHz	计算振荡频率的系数
1				
2				
3				
4				
5				
6				
7				
8				
9				
10				

② 用一片 CD4060 及电阻电容按图 7-4-2 所示进行连接，然后用示波器观察各 Q 端的输出波形和 9 脚的波形，并做出记录描绘之。（该实验线路不要拆除）

2. CD4017 逻辑功能的测试

① 参照图 7-4-6(a)，用 +5 V 供电，$\overline{EN}$、R 接逻辑开关的输出插口。CP 端接单次脉冲源，$Y_0 \sim Y_9$ 十个输出端接至 LED 逻辑电平显示输入插口，按真值表要求操作各逻辑开关。清零后，连接送出 10 个脉冲信号，观察十个发光二极管的显示状态，并列表记录之。

② CP 端改接 1 Hz 连接脉冲，观察并记录输出状态。

③ CP 端分别接至自制脉冲信号源电路的 CD4060 各 Q 端，观察发光二极管显示状态。

3. 自拟实验

按图 7-4-8 的线路,自拟实验方案验证 60 分频电路的正确性。

7.4.5 EDA 实验仿真

应用 Multisim 软件,参照实验原理图,搭建仿真实验电路图。

① 将实验元器件按照原理图的排列方式从左至右依次排列;

② 按照图 7-4-4 搭接好 74LS14 振荡电路,用示波器观察输出振荡波形;

③ 将振荡电路的输出作为 4017 芯片的触发输入,示波器 XSC2~XSC4 分别用来观察 4017 芯片各端口的输出波形,同时用发光二极管显示输出电平的高低;

④ 参照实验内容进行相应实验参数的测量,并按照对应表格填写相应的实验测试数据。

图 7-4-9 所示为按照实验原理图及实验要求搭建的仿真实验电路图。R_2 为可调电阻,通过调节电阻的阻值改变振荡电路的输出频率,用示波器 XSC1 观察振荡波形,单刀双掷开关控制 4017 芯片的复位信号,示波器 XSC2~XSC4 分别用来观察 4017 芯片各个输出端口的输出波形,通过二极管的亮和灭体现电路电平的高低。

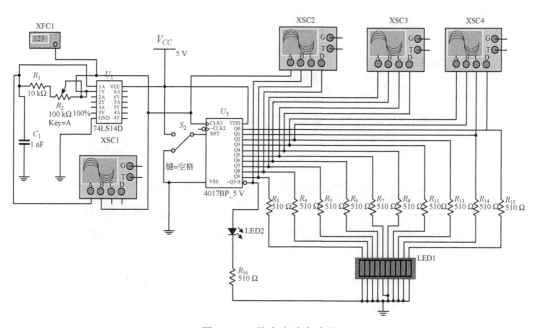

图 7-4-9 仿真实验电路图

7.4.6 注意点

① 搭接电路时,切勿带电操作。

② 搭接实验电路时,务必保证线路、仪器的地线搭接正常。

③ 确保芯片电源、地线搭接正常。

④ 搭接测量仪器时,务必遵循实验仪器的使用要求,注意正负极。

⑤ 实验结束后,务必整理好实验室桌面仪器,保存好实验数据。

7.4.7 实验报告撰写要求

① 画出完整的实验线路。

② 画出实验结果的波形图或表格。

③ 总结分析实验结果。

7.4.8 思考题

① 调整振荡器的电容,观察频率的变化?

② 如何利用 74HC4017 构成 N 进制计数器?($N<10$)

③ 74HC4017 的 12 脚 $\overline{Q_{5-9}}$ 的输出信号与其他 $Q_0 - Q_9$ 有什么关系?

7.5 555 时基电路及应用

7.5.1 实验目的

① 熟悉 555 型集成时基电路的电路结构、工作原理及其特点。

② 掌握 555 型集成时基电路的基本应用。

7.5.2 实验原理

555 型集成时基电路又称为集成定时器,是一种数字、模拟混合型的中规模集成电路,应用十分广泛。经常用作时间延迟电路和脉冲信号发生器。电路内部电压标准使用了三个 5 kΩ 电阻,故名 555 电路。其电路有双极型和 CMOS 型两种类型,二者的结构和工作原理相类似。几乎所有的双极型产品型号,最后三位数码都是 555 或 556;所有的 CMOS 型产品型号,最后四位数码都是 7555 或 7556,二者的逻辑功能和引脚排列完全相同,能够互换使用。555 和 7555 是单定时器。556 和 7556 是双定时器,双极型的电源电压为 5~15 V,最大输出电流可达 200 mA。CMOS 型的电源电压为 3~18 V。

1. 555 定时器的工作原理

555 定时器的内部构图及引脚排序如图 7-5-1 所示。它含有两个电压比较器,一个基本 RS 触发器,一个放电开关管 T,比较器的参考电压由三只 5 kΩ 的电阻器构成的分压器提供。它们分别使高电平比较器 A_1 的同相输入端和低电平比较器 A_2 的反相输入端的参考电平为 $\frac{1}{3}V_{CC}$ 和 $\frac{2}{3}V_{CC}$。A_1 与 A_2 的输出端控制 RS 触发器状态和放电管开关状态。当输入信号自 6 脚(高电平触发)输入并超过参考电平 $\frac{2}{3}V_{CC}$ 时,触发器复位,555 的 3 脚输出低电平,同时放电开关管导通;当输入信号自 2 脚输入并低于 $\frac{1}{3}V_{CC}$ 时,触发器置位,555 的 3 脚输出高电平,同时放电开关管截止。

$\overline{R}_D$ 是复位端(4 脚),当 $\overline{R}_D=0$,555 输出低电平;平时 $\overline{R}_D$ 端接 V_{CC}。

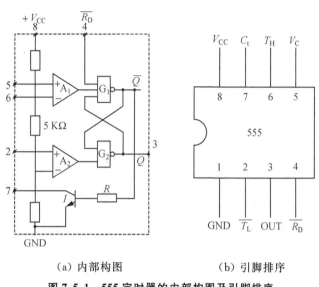

(a) 内部构图　　　　　(b) 引脚排序

图 7-5-1　555 定时器的内部构图及引脚排序

V_C 是控制电压端(5 脚),平时输出 $\frac{2}{3}V_{CC}$ 作为比较器 A_1 的参考电平,当 5 脚外接一个输入电压,即改变了比较器的参考电平,从而实现对输出的另一种控制。在不接外加电压时,通常接一个 $0.01~\mu F$ 的电容器到地,起滤波作用,以消除外来的干扰,以确保参考电平的稳定。

T 为放电管,当 T 导通时,将给接于脚 7 的电容器提供低阻放电通路。

555 定时器主要是与电阻、电容构成充放电电路,并由两个比较器来检测电容器上的电压,以确定输出电平的高低和放电开关管的通断。这就很方便地构成从微秒到数十分钟的延时电路,可方便地构成单稳态触发器、多谐振荡器、施密特触发器等脉冲发生或波形变换电路。

2. 555 定时器的典型应用

(1) 单稳态触发器

图 7-5-2(a)为由 555 定时器和外接定时元件 R、C 构成的单稳态触发器电路图。触发器电路由 C_1、R_1、D 构成,其中 D 为钳位二极管,起保护输入口的作用。稳态时 555 电路输入端处于电源电平,内部放电开关管 T 导通输出端 F 输出低电平,当有一个外部负脉冲触发信号经 C_1 加到 2 端,并使 2 端电位瞬时低于 $\frac{1}{3}V_{CC}$,低电平比较器动作,单稳态电路即开

始一个暂态过程，电容 C 开始充电，V_C 按指数规律增长。当 V_C 充电到 $\frac{2}{3}V_{CC}$ 时，高电平比较器动作，比较器 A_1 翻转，输出 V_o 从高电平返回低电平，放电开关管 T 重新导通，电容 C 储存的电荷很快经放电开关管放电，暂态结束，恢复稳态，为下个触发脉冲的到来作好准备。波形如图 7-5-2(b)所示。

暂稳态的持续时间 t_w（延时时间）取决于外接元件 R、C 的大小。

$$t_w = 1.1RC$$

通过改变 R、C 的大小，可使延时时间在几个微秒到几十分钟之间变化。当这种单稳态电路作为计时器时，可直接驱动小型继电器，并可以使用复位端（4脚）接地的方法来中止暂态重新计时。此外尚须用一个续流二极管与继电器线圈并接，以防继电器线圈反电势损坏内部功率管。

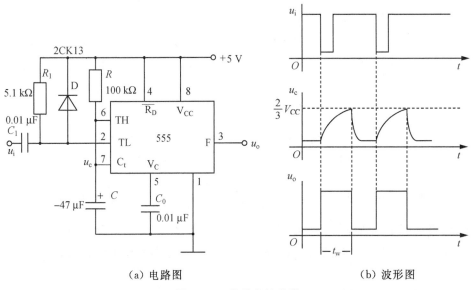

（a）电路图　　　　　　　　　　（b）波形图

图 7-5-2　单稳态触发器

（2）多谐振荡器

如图 7-5-3(a)所示由 555 定时器和外接元件 R_1、R_2、C 构成多谐振荡器，脚2与脚6直接相连。电路没有稳态，仅存在两个暂稳态，电路亦不需要外加触发信号，利用电源通过 R_1、R_2 向 C 充电，以及 C 通过 R_2 向放电端 C_t 放电，产生振荡。电容 C 在 $\frac{1}{3}V_{CC}$ 和 $\frac{2}{3}V_{CC}$ 之间充电和放电，其波形如图 7-5-3(b)所示。输出信号时间参数是 $T=t_{w1}+t_{w2}$，$t_{w1}=0.7(R_1+R_2)C$，$t_{w2}=0.7R_2C$。

555 电路要求 R_1 与 R_2 均应大于或等于 1 kΩ，但 R_1+R_2 应小于或等于 3.3 MΩ。

由于外部元件的稳定性决定了多谐振荡器的稳定性，555 定时器配以少量的元件即可获得较高精度的振荡频率和具有较强的功率输出能力，因此这种形式的多谐振荡器应用很广。

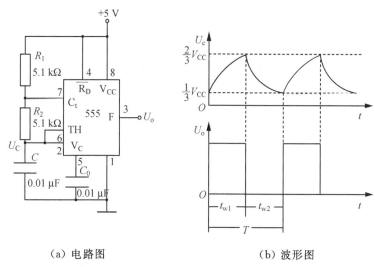

(a) 电路图 (b) 波形图

图 7-5-3 多谐振荡器

(3) 占空比可调的多谐振荡

电路如图 7-5-4 所示,它比图 7-5-3 所示电路增加了一个电位器和两个导引二极管。D_1、D_2 用来决定电容充、放电电流流经电阻的途径(充电时,D_1 导通、D_2 截止;放电时,D_2 导通、D_1 截止。)

$$占空比\ q = \frac{t_{w1}}{t_{w1}+t_{w2}} \approx \frac{0.7R_A C}{0.7C(R_A+R_B)} = \frac{R_A}{R_A+R_B}$$

可见,若 $R_A = R_B$,则电路可输出占空比为 50% 的方波信号。

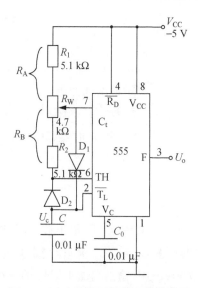

图 7-5-4 占空比可调的多谐振荡器

(4) 施密特触发器

施密特触发器电路如图 7-5-5 所示,将脚 2、6 连在一起作为信号输入端,即得到施密特触发器。U_s、U_i 和 U_o 的波形变换如图 7-5-6 所示。

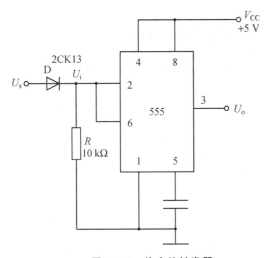

图 7-5-5　施密特触发器

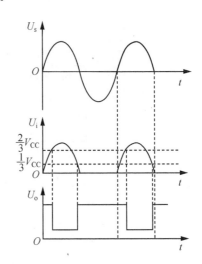

图 7-5-6　波形变换图

设被整形变换的电压为正弦波 U_s，其正半周通过二极管 D 同时加到 555 定时器的 2 脚和 6 脚，得 U_i 为半波整流波形。当 U_i 上升到 $2/3V_{CC}$ 时，U_o 从高电平翻转为低电平；当 U_i 下降到 $1/3V_{CC}$ 时，U_o 又从低电平翻转为高电平。电路的电压传输特性曲线如图 7-5-7 所示。

回差电压为 $\Delta U = \frac{2}{3}V_{CC} - \frac{1}{3}V_{CC} = \frac{1}{3}V_{CC}$。

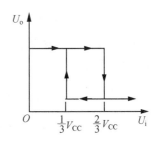

图 7-5-7　电路的电压传输特性曲线

7.5.3　实验设备与仪器

① ＋5V 直流稳压电源；
② 连续脉冲源；
③ 音频信号源；
④ 0-1 指示器；
⑤ 双踪示波器；
⑥ 单次脉冲源；
⑦ 数字频率计；
⑧ 555 定时器、2CK132 电位器、电阻、电容若干。

7.5.4　实验内容

1. 单稳态触发器

① 按图 7-5-2 连线，$R=100$ kΩ，$C=47$ μF，输出接 LED 电平指示器。输出信号 U_i 由单次脉冲源提供，用双踪示波器观测 U_i、U_c、U_o 波形，测定幅度与暂稳时间(用手表计时)。

② 将 R 改为 1 kΩ，C 改为 0.1 μF，输出端加 1 kHz 的连续脉冲，观测波形 U_i、U_c、U_o，测定幅度及延时时间，并在图 7-5-8 中绘制相应的波形图。

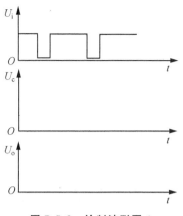

图 7-5-8　绘制波形图 1

2. 多谐振荡器

① 按图 7-5-3 接线,用双踪示波器观测 U_c 与 U_o 的波形,绘制在图 7-5-9 中;测定波形参数,并记录在表 7-5-1 中。

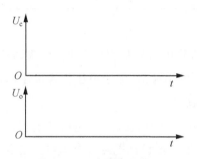

图 7-5-9　绘制波形图 2

表 7-5-1　记录表 1

$R_1/\mathrm{k}\Omega$	$R_2/\mathrm{k}\Omega$	C/nF	t_{w1}/ms	t_{w2}/ms	f/kHz

② 按图 7-5-4 接线,组成占空比为 50% 的方波信号发生器。观测 U_c、U_o 波形,绘制在图 7-5-10 中;测定波形参数,并记录在表 7-5-2 中。

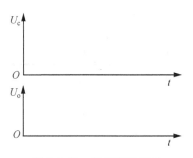

图 7-5-10　绘制波形图 3

表 7-5-2　记录表 2

$R_A/\text{k}\Omega$	$R_B/\text{k}\Omega$	C/nF	T^+/ms	T^-/ms	占空比/%

3. 施密特触发器

按图 7-5-5 接线,输入信号由音频信号源提供,预选调好 U_i 的频率为 1 kHz,接通电源,逐渐加大 U_s 的幅度,观测输出波形,测绘电压传输特性,算出回差电压 ΔU。

4. 触摸式开关定时控制器

利用 555 定时器设计制作一只触摸式开关定时控制器,每当用手触摸一次,电路即输出一个正脉冲宽为 10 s 的信号。试设计电路并测试电路功能。

7.5.5　EDA 实验仿真

应用 Multisim 软件,参照实验原理图,搭建仿真实验电路图。

① 将实验元器件按照原理图的排列方式从左至右依次排列,电路左侧为触发输入端口,右侧为输出端口。

② 设置低电平触发电路,为单稳态触发器提供触发信号。

③ 选用合适的示波器,分配好示波器的测量端口,用示波器观察触发输入端的信号和单稳态输出波形。

④ 参照实验内容进行相应实验参数的测量,并按照对应表格填写相应的实验测试数据。

如图 7-5-11 所示为按照实验原理图及实验要求搭建的仿真实验电路图。其中,S_1 为触发开关,按下按键,输入低电平信号。示波器 XSC1 通道 A 测量输入电压信号的波形,通道 B 测量 555 定时器触发输入端的波形,通道 C 测量输出电压信号 U_o 的波形。

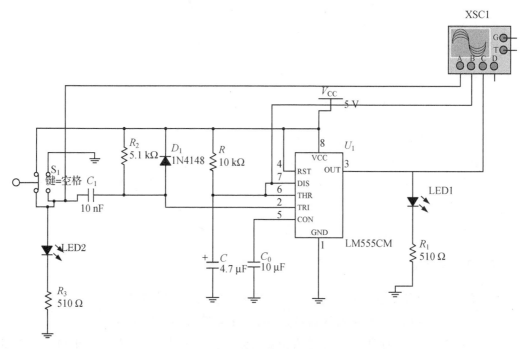

(a) 单稳态触发器仿真电路图

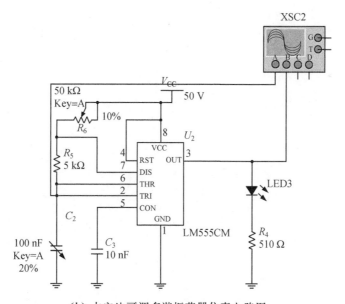

(b) 占空比可调多谐振荡器仿真电路图

图 7-5-11　仿真实验电路图

7.5.6　注意点

① 搭接电路时，切勿带电操作。

② 搭接实验电路时,务必保证线路、仪器的地线搭接正常。
③ 芯片的电源和接地端口正确连接,保障供电正常。
④ 搭接测量仪器时,务必遵循实验仪器的使用要求,注意正负极。
⑤ 实验结束后,务必整理好实验室桌面仪器,保存好实验数据。

7.5.7 实验报告撰写要求

① 叙述单稳态触发器和多谐振荡器的工作原理。
② 画出实验电路图。
③ 列表整理测量结果,绘出详细的实验线路图,定量绘出观测到的波形,分析产生误差的原因。
④ 分析、总结实验结果,分析讨论在调试过程中出现的问题。

7.5.8 思考题

① 单稳态电路输出脉冲宽度为多少?对输入触发信号有何要求?
② 图 7-5-3 和图 7-5-4 多谐振荡器振荡频率的估算公式是怎样的?
③ 利用 555 电路如何构成一个施密特触发器?利用该触发器如何进一步构成一个多谐振荡器?请画出电路图。

附录 1

放大器干扰、噪声抑制和自激振荡的消除

放大器的调试一般包括调整和测量静态工作点,调整和测量放大器的性能指标(放大倍数、输入电阻、输出电阻和通频带等)。由于放大电路是一种弱电系统,具有很高的灵敏度,因此很容易受外界和内部一些无规则信号的影响,也就是在放大器的输入端短路时,输出端仍有杂乱无规则的电压输出,这就是放大器的噪声和干扰电压。另外,由于安装、布线不合理、负反馈太深及各级放大器共用一个直流电源造成级间耦合等,也能使放大器在没有输入信号时,有一定幅度和频率的电压输出,如收音机的尖叫声或"突突……"的汽船声,这就是放大器发生了自激振荡(附图 1-1)。干扰、噪声和自激振荡的存在都妨碍了对有用信号的观察和测量,严重时放大器将不能正常工作。所以只有抑制干扰、噪声和消除自激振荡,才能进行正常的调试和测量。

附图 1-1 放大器自激振荡

一、放大器干扰和噪声抑制

把放大器输入端短路,在放大器输出端仍可测量到一定的噪声和干扰电压。其频率如果是 50 Hz(或 100 Hz),一般称为 50 Hz(或 100 Hz)交流声,有时是非周期性的,没有一定规律,可以用示波器观察到如附图 1-1-1 所示的波形。50 Hz 交流声大多来自电源变压器或交流电源线,100 Hz 交流声往往是整流滤波不良造成的。另外,电路周围的电磁波干扰信号引起的干扰电压也是常见的。由于放大器的放大倍数很高(特别是多级放大器),只要在它的前级引进一点微弱的干扰,经过几级放大,在输出端就可以产生一个很大的干扰电压。除此之外,电路中的地线接得不合理,也会引起干扰。

抵制干扰和噪声的措施一般有以下几种。

1. 选用低噪声的元器件

选用低噪声的元器件,如噪声小的集成运放和金属膜电阻等。另外,可加低噪声的前置差动放大电路。由于集成运放内部电路复杂,因此它的噪声较大。即使是"极低噪声"的集成运放,也不如某些噪声小的场效应对管或双极型超β对管,所以在要求噪声系数极低的场合,可以挑选噪声小对管组成前置差动放大电路,也可以加有源滤波器。

2. 合理布线

放大器输入回路的导线和输出回路、交流电源的导线要分开,不要平行铺设或捆扎在一起,以免相互感应。

3. 屏蔽

小信号的输入线可以采用具有金属丝外套的屏蔽线,外套接地。整个输入级用单独金属盒罩起来,外罩接地。电源变压器的初、次级之间加屏蔽层。电源变压器要远离放大器前级,必要时可以把变压器也用金属盒罩起来,以利于隔离。

4. 滤波

为防止电源串入干扰信号,可在交(直)流电源线的进线处加滤波电路,如附图1-2(a)(b)(c)所示的无源滤波器可以滤除天电干扰(雷电等引起)和工业干扰(电机、电磁铁等设备起、制动时引起)等干扰信号,而不影响50 Hz电源的引入。在附图1-2中,L一般为几至几十毫亨,C一般为几微法。附图1-2(d)中阻容串联电路对电源电压的突变有吸收作用,以免其进入放大器。R和C的数值可选100 Ω和2 μF左右。

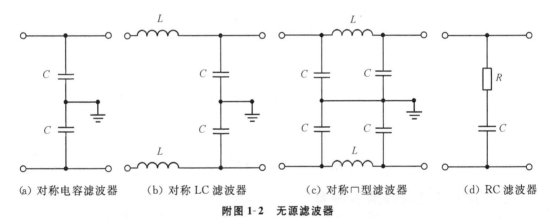

(a) 对称电容滤波器　　(b) 对称LC滤波器　　(c) 对称∏型滤波器　　(d) RC滤波器

附图1-2　无源滤波器

5. 选择合理的接地点

在各级放大电路中,如果接地点安排不当,也会造成严重的干扰。例如,在附图1-3中,同一台电子设备的放大器,由前置放大级和功率放大级组成,当接地点如附图1-3中实线所示时,功率级的输出电流是比较大的,此电流通过导线产生的压降,与电源电压一起,作用于前置级,引起扰动,甚至产生振荡;还会因负载电流流回电源,造成机壳(地)与电源负端之间电压波动,而前置放大级的输入端接到这个不稳定的"地"上,会引起更为严重的干扰。如将接地点改成图中虚线所示,则可克服上述弊端。

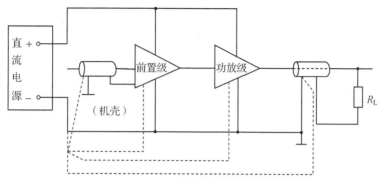

附图 1-3 接地点的选择

二、自激振荡的消除

检查放大器是否发生自激振荡,可以把输入端短路,用示波器(或毫伏表)接在放大器的输出端进行观察,波形如附图 1-4 所示。自激振荡和噪声的区别是,自激振荡的频率一般为比较高的或极低的数值,而且频率随着放大器元件参数的不同而改变(甚至拨动一下放大器内部导线的位置,频率也会改变),振荡波形一般是比较规则的,幅度也较大,往往使三极管处于饱和和截止状态。

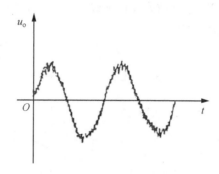

附图 1-4 自激振荡检查波形

高频振荡主要是由安装、布线不合理引起的。例如,输入和输出线靠得太近,产生正反馈作用。对此应从安装工艺方面解决,如元件布置紧凑,接线要短等,也可以选用一个小电容(如 1 000 pF 左右)一端接地,另一端逐级接触管子的输入端,或电路中合适部位,找到抑制振荡的最灵敏的一点(电容接此点时,自激振荡消失),在此处外接一个合适的电阻、电容或单一电容(一般为 100 pF~0.1 μF,由试验决定),进行高频滤波或负反馈,以压低放大电路对高频信号的放大倍数或移动高频电压的相位,从而抑制高频振荡,如附图 1-5 所示。

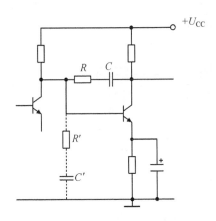
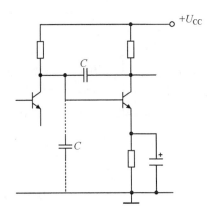

(a) 采用电阻电容抑制高频振荡　　　　(b) 采用单一电容抑制高频振荡

附图 1-5　高频振荡抑制原理

低频振荡是由各级放大电路共用一个直流电源所引起。如附图 1-6 所示,因为电源总有一定的内阻 R_0。特别是电池使用时间过长或稳压电源质量不高,使得内阻 R_0 比较大时,则会引起 U'_{CC} 处电位的波动,U'_{CC} 的波动作用到前级,使前级输出电压相应变化,经放大,使波动更显著,如此循环,就会造成振荡现象。最常用的消除办法是在放大电路各级之间加上"去耦电路"(图中的 R 和 C),从电源方面使前级减小相互影响。去耦电路 R 的值一般为几百欧姆,电容 C 选几十微法或更大一些。

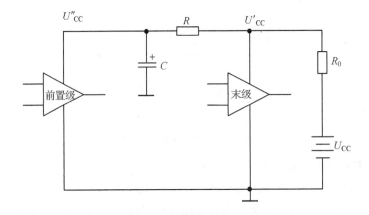

附图 1-6　低频振荡消除原理

附录 2

实验报告格式

实验室及桌号		实验日期		成绩	
班级		学号		姓名	

实验 1 共射极单管放大器

1.1 实验预习内容

1.1.1 实验电路(附图 2-1-1、附图 2-1-2)

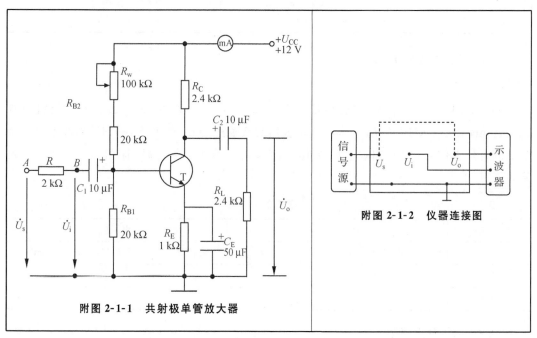

附图 2-1-1 共射极单管放大器

附图 2-1-2 仪器连接图

1.1.2 相关公式和特性图(附表 2-1-1)

附表 2-1-1

内容	公式或特性图	理论估算值
静态工作点	$U_B = \dfrac{R_{B1}}{R_{B1}+R_{B2}} \cdot U_{CC}$ $I_E = \dfrac{U_B - U_{BE}}{R_e} \approx I_C$ $U_{CE} = U_{CC} - I_C(R_C + R_E)$	当取 $I_E = 1$ mA 或 2 mA 时, $U_B =$ $U_E =$ $U_C =$
电压放大倍数	$A_u = -\beta \dfrac{R_C /\!/ R_L}{r_{be}}$ $r_{be} \approx 200\ \Omega + (1+\beta)\dfrac{26(\text{mV})}{I_E(\text{mA})}$	当取 $I_E = 1$ mA 或 2 mA, $\beta = 100$ 时, $R_{BE} =$ $A_u =$
输出特性	(特性图:含交流斜率 $-\dfrac{1}{R_C /\!/ R_L}$,直流斜率 $-\dfrac{1}{R_C}$,Q 点,I_{CQ},I_{BQ},U_{CEQ},$\pm U_{om}$)	静态工作点:I_{CQ} 和 U_{CEQ} 输出范围:(请在输出特性图上标注) $-U_{om} \sim +U_{om}$

1.2 测量数据记录

1.2.1 静态工作点

调节 R_{b1} 以改变工作点的位置,使得 $U_E = 2.0$ V, $I_E \approx 2.0$ mA。加输入正弦波信号 $U_i = 10$ mV, $f = 1$ kHz,在 $R_L = \infty$ 时用示波器观察输出端 U_o 的波形,得到输出波不失真状态。断开输入信号,用万用表直流电压挡测量静态参数,将数据(保留 1 位小数)填入附表 2-1-2。

附表 2-1-2

设定条件	估算值			测量值		
U_E/V	U_B/V	U_C/V	I_C/mA	U_B/V	U_C/V	I_C/mA
2.0						
结果评价						

1.2.2 电压放大倍数

在上述静态条件($U_E \approx 2.0$ V, $I_E \approx 2$ mA)下,加输入正弦波信号,$f = 1$ kHz,使得 $U_i = 10$ mV,在下述三种情况下,用示波器或交流毫伏表测量 U_o 的值,并根据测量折算出 A_u,填入附表 2-1-3(保留 1 位小数)。

附表 2-1-3

设定条件			测量值	折算值	输入/输出波形
U_i/mV	R_C/kΩ	R_L/kΩ	U_o/V	A_u	
10.0	2.4	∞			
10.0	2.4	2.4			
10.0	1.2	∞			
结果评价			(与理论值 A_u 比较)		

1.2.3 静态工作点对波形失真的影响

置 $R_C=4.7$ kΩ, $R_L=4.7$ kΩ, 加输入正弦波信号,频率 $f=1$ kHz, $U_i=0$,调节 R_{B1} 使直流电压 $U_E=1.0$ V、2.0 V、3.0 V,测出 U_{CE} 的值,再逐步加大输入信号 U_i,观察输出电压 U_o,记录刚开始失真时的交流信号 U_i, U_o,并根据测量数据折算出 A_u,判断失真情况(截止失真/饱和失真),将数据填入附表 2-1-4。

附表 2-1-4(说明:默认测量有效值,若为峰值请标明)

设定条件	测量值	折算值	输出波形(刚出现失真时)	失真情况
$U_E=1.0$ V	$U_{CE}=$ _____ V $U_i=$ _____ mV $U_o=$ _____ mV	$A_u=$		
$U_E=2.0$ V	$U_{CE}=$ _____ V $U_i=$ _____ mV $U_o=$ _____ mV	$A_u=$		
$U_E=3.0$ V	$U_{CE}=$ _____ V $U_i=$ _____ mV $U_o=$ _____ mV	$A_u=$		
结果评价				

实验 2　负反馈放大器

2.1　实验预习内容

2.1.1　实验电路(附图 2-2-1、附图 2-2-2)

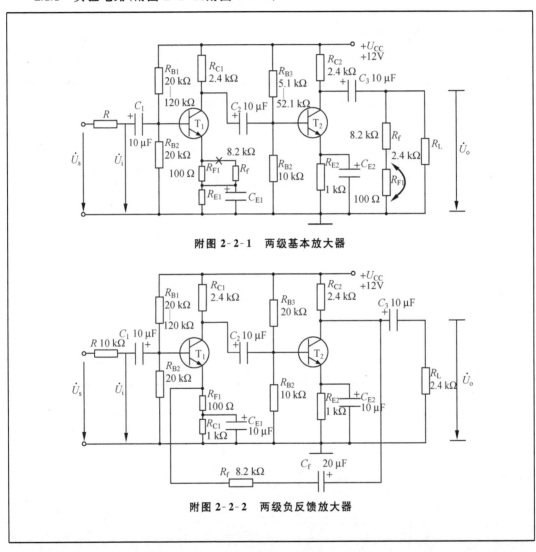

附图 2-2-1　两级基本放大器

附图 2-2-2　两级负反馈放大器

2.1.2 相关公式(附表 2-2-1)

附表 2-2-1

电压增益	输入输出电阻
单级增益：$A_u = -\beta \dfrac{R_C /\!/ R_L}{r_{be}}$， 两级增益：$A_u = A_{u1} \times A_{u2}$ 反馈增益：$A_{rf} = \dfrac{A_u}{1 + A_u + F_u}$， 其中：$A_u$ 为开环增益（$A_u = U_o/U_i$）， $F_u = \dfrac{R_{f1}}{R_f + R_{f1}}$	开环输入电阻：$R_i = \dfrac{U_i}{I_i} = \dfrac{U_i}{\dfrac{U_R}{R}} = \dfrac{U_i}{U_s - U_i} R$，电路中取 $R = 10 \text{ k}\Omega$ 开环输出电阻：$R_o = \left(\dfrac{U_o}{U_{oL}} - 1\right) R_L$ 闭环输入电阻：$R_{if} = (1 + A_u F_u) R_i$，其中： R_i 为基本放大器的输入电阻（不包括偏置） 闭环输出电阻：$R_{of} = \dfrac{R_o}{1 + A_{uo} F_u}$，其中： R_o 为基本放大器的输出电阻，A_{uo} 为开环增益

2.2 测量数据记录

2.2.1 静态工作点

实验电路处于开环状态（断开反馈电路），调节 R_{B1}、R_{B3} 以改变工作点的位置，使得两个晶体管的 $I_C \approx 2$ mA。加输入正弦波信号 $U_s = 5$ mV，$f = 1$ kHz，在 $R_L = \infty$ 时，用示波器观察输出端 U_o 的波形，得到输出波不失真状态。断开输入信号，用万用表直流电压挡测量，将数据（保留 1 位小数）填入附表 2-2-2。

附表 2-2-2

项目	设定条件	估算值			测量值		
放大器	U_E/V	U_B/V	U_C/V	I_C/mA	U_B/V	U_C/V	I_C/mA
第 1 级	2.0						
第 2 级	2.0						
结果评价							

2.2.2 开环电压增益

在上述条件下，加入正弦波信号 U_s 使得 $U_i = 5.0$ mV，$f = 1$ kHz，用示波器或交流毫伏表测量 U_s、U_{o1} 和第 2 级 U_{o2}，接入负载电阻 $R_L = 2.4$ kΩ 后，再测量输出电压 U_{o2L}，将数据填入附表 2-2-3（保留 1 位小数）。

附表 2-2-3

测量值					折算值		
信号源	输入电压	第 1 级输出	第 2 级输出	接入负载电阻 R_L 后第 2 级输出	增益	输入电阻	输出电阻
U_s/mV	U_i/mV	U_{o1}/V	U_{o2}/V	U_{o2L}/V	A_u	$r_i/\text{k}\Omega$	$r_o/\text{k}\Omega$
	5.0						
结果评价							

2.2.3 闭环电压增益

接通反馈网络,加入正弦波信号 U_s,使得 $U_i = 5.0$ mV, $f = 1$ kHz,用示波器或毫伏表测量 U_s、U_{o1} 和 U_{o2},接入负载 $R_L = 2.4$ kΩ 后,再测量 U_{o2L},将测量值和折算值填入附表 2-2-4 (保留 1 位小数)。

附表 2-2-4

测量值					折算值		
信号源	输入电压	第 1 级输出	第 2 级输出	接入负载电阻 R_L 后第 2 级输出	增益	输入电阻	输出电阻
U_s/mV	U_i/mV	U_{o1}/V	U_{o2}/V	U_{o2L}/V	A_U	r_i/kΩ	r_o/kΩ
	5.0						
结果评价							

2.2.4 放大器频宽(选做)

使放大器先后处于开环和闭环状态,加入正弦波 $f \approx 1$ kHz,用示波器或毫伏表测量 U_{o2},使得测量输出电压 U_{o2} 在 2~4 V,保持输入信号 U_i 幅度不变,调整信号 f,分别测出放大器截止频率:f_L 和 f_H(放大器电压降为通频带电压的 0.707),将数据填入附表 2-2-5 (保留 1 位小数)。

附表 2-2-5

电路状态	输入电压 U_i/mV	输出电压 U_{o2}/V	下限截止频率 f_L/Hz	上限截止频率 f_H/Hz	折算带宽 BW/Hz
开环					
闭环					
结果评价					

实验室及桌号		实验日期		成绩	
班级		学号		姓名	

实验 3 运算放大器指标测试

3.1 实验预习内容

3.1.1 实验电路(附图 2-3-1、附图 2-3-2)

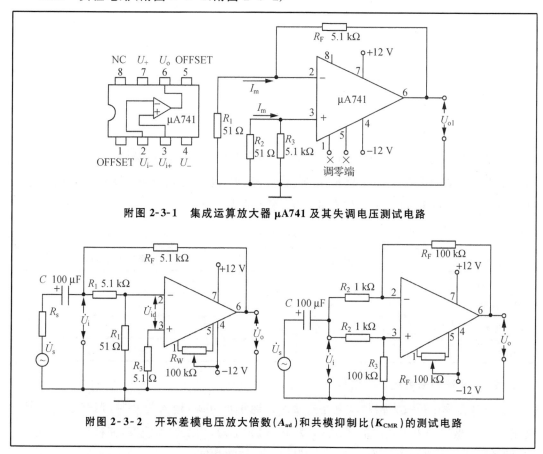

附图 2-3-1 集成运算放大器 μA741 及其失调电压测试电路

附图 2-3-2 开环差模电压放大倍数(A_{ud})和共模抑制比(K_{CMR})的测试电路

3.1.2 测试注意事项和相关公式(附表 2-3-1)

附表 2-3-1

类别	注意事项和相关公式
失调电压 U_{os}	测试时,将运放调零端开路。运放输入端连线尽可能短,电阻 R_1 与 R_2,R_3 与 R_F 的参数严格对称。失调电压 U_{os} 与输出端电压 U_{o1} 的关系式为 $$U_{os}=\frac{R_1}{R_1+R_F} \cdot U_{o1}$$

续表

开环差模电压放大倍数 A_{ud}	运算放大器无反馈时的直流差模放大倍数称为开环差模电压放大倍数 A_{ud}。但为了测试方便通常采用低频(100 Hz 以下)正弦交流信号代替直流信号进行测量。由于开环差模电压放大倍数很大,故采用测量闭环输出来折算开环差模电压放大倍数 A_{ud},公式为 $$A_{ud} = \frac{U_o}{U_{id}} = \left(1 + \frac{R_1}{R_2}\right) \cdot \frac{U_o}{U_i}$$
共模抑制比 K_{CMR}	运算放大器在闭环下的差模电压放大倍数 A_{ud},接入共模信号 U_{ic} 时,测得输出 U_{oc},那么共模电压放大倍数为 $A_{uc} = U_{oc}/U_{ic}$,共模抑制比 K_{CMR} 为 $$K_{CMR} = \left|\frac{A_{ud}}{A_{uc}}\right| = \frac{R_F}{R_1} \cdot \frac{U_{ic}}{U_{oc}}$$

3.2 测量数据记录

3.2.1 失调电压

按失调电压测试电路连接。连通正负电源,用万用表直流电压挡测量输出端电压,记录第 1 次测量的输出电压 U_{o1},断电后,更换另一运放,通电后记录第 2 次测量的输出电压 U_{o1},将测量值和折算值(保留 2 位有效数字)填入附表 2-3-2。

附表 2-3-2

项目	测量值 U_{o1}/V	折算值 U_{os}/mV
第 1 次测量		
第 2 次测量		
测试条件	$R_1=$____,R_2____,R_3____,R_F____,$U_+=$____,$U_-=$____	
结果评价		

3.2.2 开环差模电压放大倍数 A_{ud}

按开环差模电压放大倍测试电路连接。连通正负电源,输入为 0 时,调整电位器 R_w,使输出为 0,然后加入正弦波信号 U_s(f 为 10~100 Hz),用示波器观察,使得 U_i,U_o 为适当值,将测量值和折算值填入附表 2-3-3(保留 2 位有效数字)。

附表 2-3-3

设定值	测量值		折算值	
信号频率 f/Hz	输入电压 U_i/mV	输出电压 U_o/V	开环放大倍数 A_{ud}	开环增益 A_{ud}/dB
测试条件	$R_1=$____,R_2____,R_3____,R_F____,$U_+=$____,$U_-=$____			
结果评价					

3.2.3 共模抑制比(选做)

按共模抑制比测试电路连接,运放输入端连线尽可能短。连通正负电源,输入为 0 时,

调整电位器 R_w,使输出为 0,然后加入正弦波信号 U_s(f 为 10~100 Hz),用示波器观察,使得 U_i,U_o 为适当值,将测量值和折算值填入附表 2-3-4(保留 2 位有效数字)。

附表 2-3-4

设定值	测量值		折算值	
信号频率 f/Hz	输入电压 U_i/mV	输出电压 U_o/V	共模抑制比 K_{CMR}	共模抑制比 K_{CMR}/dB
测试条件	$R_1=$_____,R_2_____,R_3_____,R_F_____,$U_+=$_____,$U_-=$_____			
结果评价				

3.2.4 思考题

1. 运放的调零端的作用是什么?	
2. 输入失调电压的测量为什么采用闭环测量?	
3. 输入失调电压的测量为什么采用交流信号输入?	
4. 运放的 CMRR 有什么含义?CMRR 应该大还是小?	

实验室及桌号		实验日期		成绩	
班级		学号		姓名	

实验4 运算放大器基本放大电路

4.1 实验预习内容

4.1.1 实验电路(附图2-4-1、附图2-4-2)

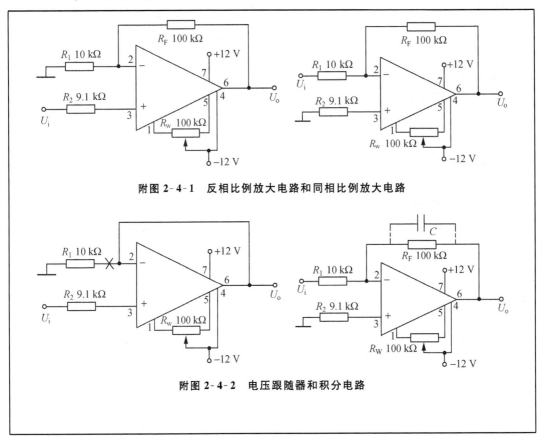

附图2-4-1 反相比例放大电路和同相比例放大电路

附图2-4-2 电压跟随器和积分电路

4.1.2 测试注意事项和相关公式(附表2-4-1)

附表2-4-1

类别	注意事项和相关公式
反相比例放大电路	测量时,需要通过电位器 R_w 对运放进行调零,运放输入端连线尽可能短。输入适当频率和幅度的正弦波信号,保证输出没有明显失真。采用双踪示波器测量输入与输出波形的相位关系。电路的闭环增益为:$A_u = \dfrac{U_o}{U_i} = -\dfrac{R_F}{R_1}$

续表

类别	注意事项和相关公式
同相比例放大电路	测量时,需要通过电位器 R_W 对运放进行调零,运放输入端连线尽可能短。输入适当频率和幅度的正弦波信号,保证输出没有明显失真。采用双踪示波器测量输入与输出波形的相位关系。电路的闭环增益为: $A_u = \dfrac{U_o}{U_i} = \left(1 + \dfrac{R_F}{R_1}\right)$
电压跟随器	在同相比例放大电路的基础上,短接反馈电阻,断开 R_1(也可不断开),就可构成电压跟随器。电压跟随器的电压放大倍数为1,但输入阻抗高,输出阻抗低,放大器的带宽会比同相比例放大电路增加 N 倍(N 与 A_u 有关)
积分电路	在反相比例放大电路的基础上,输入适当频率和幅度的矩形波信号,保证输出没有明显失真。采用双踪示波器测量输入与输出波形的相位关系。电路的输出与输入之间的关系为: $U_o(t) = -\dfrac{1}{R_1 \cdot C}\int_0^t U_i \mathrm{d}t$

4.2 测量数据记录

4.2.1 反相比例放大电路

按反相比例放大电路连接。输入适当频率和幅度的正弦波。用双踪示波器测量输入与输出波形的频率、峰峰值和相位关系。将测量波形、测量值和折算值(保留2位有效数字)填入附表2-4-2。

附表2-4-2

参数	测量波形	测量值和折算值
输入电压 U_i		$f = \underline{\qquad}$ Hz, $U_{ipp} = \underline{\qquad}$ mV
输出电压 U_o		$U_{opp} = \underline{\qquad}$ V, $|A_u| = \underline{\qquad}$

4.2.2 同相比例放大电路

按同相比例放大电路连接(其余同上)。将测量结果(保留2位有效数字)填入附表2-4-3。

附表2-4-3

参数	测量波形	测量值和折算值
输入电压 U_i		$f = \underline{\qquad}$ Hz, $U_{ipp} = \underline{\qquad}$ mV
输出电压 U_o		$U_{opp} = \underline{\qquad}$ V, $|A_u| = \underline{\qquad}$

4.2.3 电压跟随器(选做)

按电压跟随器连接,测量放大器上限频率 f_{H1},测量前面同相比例放大电路的上限频率 f_{H2},计算 f_{H1}/f_{H2}。将测量值和折算值(保留 2 位有效数字)填入附表 2-4-4。

附表 2-4-4

参数	测量值	折算值 f_{H1}/f_{H2}
电压跟随器上限频率 f_{H1}		
同相放大器上限频率 f_{H2}		

4.2.4 积分电路(选做)

按积分电路连接,取 $C=0.1~\mu F$。输入适当频率和幅度的矩形波信号。用双踪示波器测量输入与输出波形的频率、峰峰值和相位关系。将测量波形、测量值和折算值(保留 2 位有效数字)填入附表 2-4-5。

附表 2-4-5

参数	测量波形	测量值和折算值
输入电压 U_i		$f=\underline{\qquad}$ Hz, $U_{ipp}=\underline{\qquad}$ mV
输出电压 U_o		$U_{opp}=\underline{\qquad}$ V, $|A_u|=\underline{\qquad}$
实验结果评价		

实验室及桌号		实验日期		成绩	
班级		学号		姓名	

实验 5　低频功率放大器

5.1　实验预习内容

5.1.1　实验电路(附图 2-5-1)

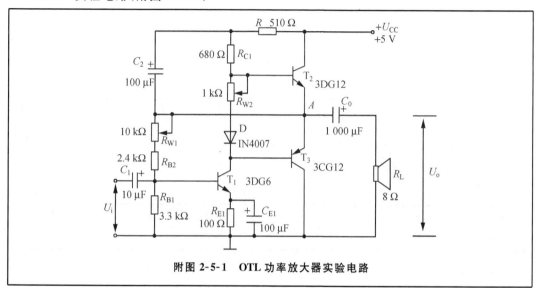

附图 2-5-1　OTL 功率放大器实验电路

5.1.2　测试注意事项和相关公式(附表 2-5-1)

附表 2-5-1

类别	注意事项和相关公式
静态工作点的调试	① 调节输出端中点电位 U_A。调节电位器 R_{W1}，用直流电压表测量 A 点电位，使得 $$U_A = \frac{U_{CC}}{2}$$ ② 调整输出级静态电流及测试各级静态工作点。调整输出级静态电流的方法之一是动态调试法。先使 $R_{W2}=0$(顺时针调到底)，在输入端接入 $f=1$ kHz 的正弦信号 U_i，并逐步加大输入信号 U_i，此时，输出波形应出现较严重的交越失真(注意：没有饱和和截止失真)，然后缓慢增大 R_{W2}，当交越失真刚好消失时，停止调节 R_{W2}。恢复 $U_i=0$，此时可以测试输出级静态电流
最大不失真输出功率 P_{om}	在理想情况下，$P_{om}=\frac{1}{8} \cdot \frac{U_{CC}^2}{R_L}$，在实验中可通过测量 R_L 两端的电压有效值 U_o 或峰值 U_{omax} 来求得实际的 P_{om}。实际的最大不失真输出功率为 $$P_{om}=\frac{U_o^2}{R_L}=\frac{1}{2} \cdot \frac{U_{omax}^2}{R_L}$$
效率 η	实验中，可测量电源供给的平均电流 I_{dc}，求得 $P_E=U_{CC} \cdot I_{dc}$，负载上的交流功率已用上述方法求出，这样就可以计算实际效率了，计算公式为 $$\eta=\frac{P_{om}}{P_E}$$

5.2 测量数据记录

5.2.1 静态工作点的测试(附表 2-5-2)

附表 2-5-2 (单位:V)

晶体管	T_1			T_2			T_3		
参数	U_{B1}	U_{C1}	U_{E1}	U_{B2}	U_{C2}	U_{E2}	U_{B3}	U_{C3}	U_{E3}
估算值	0.7~1.5	1.8	0~0.8	3.2	5.0	2.5	1.8	0.0	2.5
测量值									

5.2.2 测量最大输出功率 P_{om}(附表 2-5-3)

附表 2-5-3

参数	最大不失真输出电压 U_{omax}/V	负载电阻 R_L/Ω	最大输出功率 P_{om}/W
测量值			

5.2.3 测量效率 η(选做)(附表 2-5-4)

附表 2-5-4

参数	电源电压 U_{CC}/V	平均电流 I_{dc}/mA	电源功率 P_E/W	效率 η
测量值				

5.2.4 思考题

1. B 类功率放大器的效率最高为多少?	
2. 如何测算 T_1 的集电极电流?	
3. 二极管 D 主要有什么作用?	
4. 电路中的 C_2 和 R 有什么作用?	

实验结果评价	

实验室及桌号		实验日期		成绩	
班级		学号		姓名	

实验6　集成稳压电路

6.1　实验预习内容

6.1.1　实验电路(附图 2-6-1、附图 2-6-2)

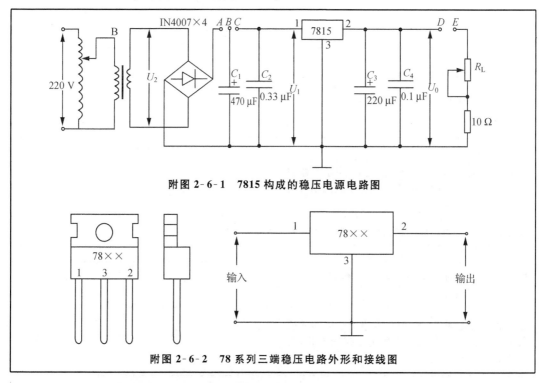

附图 2-6-1　7815 构成的稳压电源电路图

附图 2-6-2　78 系列三端稳压电路外形和接线图

6.1.2　测试注意事项和相关公式(附表 2-6-1)

附表 2-6-1

类别	注意事项和相关公式
测试连接	根据原理图,用提供的元器件在试验箱上连接实验电路。测量该电源各部分(A 点、C 点、D 点)的输出波形和幅值。测量 A 点时请断开 A、B、C 之间的连线。调节自耦变压器使变压器次级的电压 U_2 为 17 V 左右
最大输出电流	I_{omax} 取决于制造厂商所规定的额定值 I_M 和 P_M,即必须同时满足:$I_{omax} \leq I_M$ 和 $I_{omax}(U_{imax} - U_o) \leq P_M$。如没有加散热装置,温度超过一定值,三端稳压器也会进入自动保护,从而停止输出
输出电压和电压调整范围	采用固定式三端稳压器的输出电压 U_o,由所选择的芯片而定。如果用可调整的三端稳压器(如 LM317),则其可调的最低输出为该稳压器的基准电压 U_{REF},可调的最大输出则可按 $U_o = U_i - 3$ V 估算,所以电压调整范围为 $U_{REF} \sim (U_i - 3\ V)$

续表

类别	注意事项和相关公式
电压调整率	电压调整率 S_u 定义为,当负载保持不变,输出电压相对变化量与输入电压相对变化量之比,即 $$S_u = \frac{\Delta U_o}{\Delta U_i}\bigg|_{\substack{\Delta I_o=0 \\ \Delta T=0}}$$
输出电阻	输出电阻 R_o 定义为,当输入电压 U_i(稳压电路输入)保持不变,由于负载变化而引起的输出电压变化量 ΔU_o 与输出电流变化量 ΔI_o 之比,即 $$R_o = \frac{\Delta U_o}{\Delta I_o}\bigg|_{\substack{\Delta U_i=0 \\ \Delta T=0}}$$

6.2 测量数据记录

6.2.1 输出波形的测试(附表2-6-2)

附表 2-6-2

测试操作	输出波形
在 A、B、C 和 D、E 都断开的情况下,用示波器测出 A 和 G 之间的电压波形,正确记录其周期时间 T 和电压峰值 U_p(整流后)	
接通 A、B 之间的连线,观察波形的变化并记录此时的电压(滤波后)	
接通 B、C 之间的连线,用示波器观察 C 和 D 的波形,并记录(稳压后)	
电源加上负载,将 D、E 接通,在滑动变阻器的阻值由大至小变动时,波形又发生怎样的变化,观察并记录(负载特性)	

6.2.2 电压调整率 S_u(选做)(附表2-6-3)

附表 2-6-3

参数	ΔU_i	ΔU_o	电压调整率 S_u
测量值			

6.2.3 输出电阻 R_o(选做)(附表2-6-4)

附表 2-6-4

参数	ΔU_o	ΔI_o	输出电阻 R_o
测量值			

实验结果评价	

实验室及桌号		实验日期		成绩	
班级		学号		姓名	

实验 7 收音机组装调试

7.1 实验预习内容

7.1.1 实验电路(附图 2-7-1、附图 2-7-2)

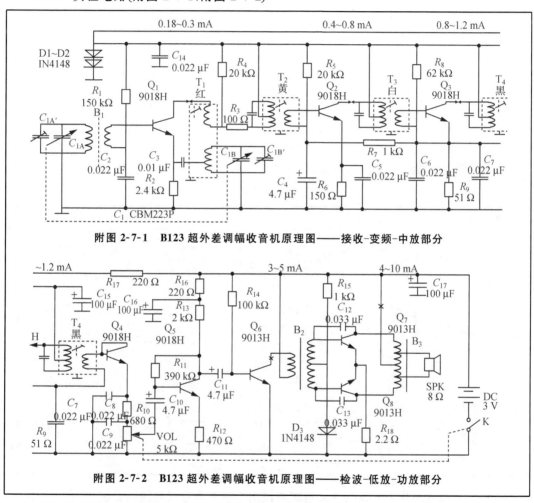

附图 2-7-1 B123 超外差调幅收音机原理图——接收-变频-中放部分

附图 2-7-2 B123 超外差调幅收音机原理图——检波-低放-功放部分

7.1.2 B123 超外差调幅收音机有关技术参数(附表 2-7-1)

附表 2-7-1

参数	信号频率	本机振荡	中频频率	扬声器阻抗	输出功率	电源电压
指标	525~1 605 kHz	990~2 075 kHz	465 kHz	8 Ω	180 mW	3 V
晶体管	$D_1 \sim D_2$	Q_1	$Q_2 \sim Q_3$	Q_4	$Q_5 \sim Q_6$	$Q_7 \sim Q_8$
作用	稳压	变频	中放	检波	低放	功放
工作电流/mA	4.0	0.24	0.6	0.1	0.5~4.0	7.0

7.2 测量数据记录

7.2.1 元件测量——各电阻标称值和测量值和晶体管放大倍数测量值(附表 2-7-2)

附表 2-7-2

参数	R_1	R_2	R_3	R_4	R_5	R_6	R_7	R_8	R_9
标称值/Ω									
测量值/Ω									
参数	R_{10}	R_{11}	R_{12}	R_{13}	R_{14}	R_{15}	R_{16}	R_{17}	R_{18}
标称值/Ω									
测量值/Ω									
参数	Q_1	Q_2	Q_3	Q_4	Q_5	Q_6	Q_7	Q_8	—
放大倍数测量值/β									—

7.2.2 器件测量——各线圈电阻值(附表 2-7-3)

附表 2-7-3

参数	估算值	测量值
中周线圈电阻	红 4Ω 0.3Ω 0.4Ω　黄 2Ω 4Ω 0.3Ω 白 1.8Ω 3.8Ω 0.4Ω　黑 2Ω 4.5Ω 1Ω	红 __Ω __Ω __Ω　黄 __Ω __Ω __Ω 白 __Ω __Ω __Ω　黑 __Ω __Ω __Ω
变压器电阻	输入变压器(蓝) 90Ω 90Ω 220Ω　输出变压器(红) 0.9Ω 0.9Ω 0.4Ω 1Ω 0.4Ω	输入变压器(蓝) __Ω __Ω __Ω　输出变压器(红) __Ω __Ω __Ω __Ω __Ω

7.2.3 工作点测量——各晶体管引脚电压测量值和集电极电流折算值(附表 2-7-4)

附表 2-7-4

晶体管	Q_1	Q_2	Q_3	Q_4	Q_5	Q_6	Q_7	Q_8
U_e/V								
U_b/V								
U_c/V								
I_c/mA								

7.2.4 工作状况评估

低频放大部分(输出幅度、失真情况)	
中频放大和变频部分(频率覆盖、中频增益)	
电台接收情况(时段、电台频率)	

实验室及桌号		实验日期		成绩	
班级		学号		姓名	

实验 8 组合逻辑电路的分析与设计

8.1 实验预习内容

8.1.1 实验电路(附图 2-8-1、附图 2-8-2、附图 2-8-3)

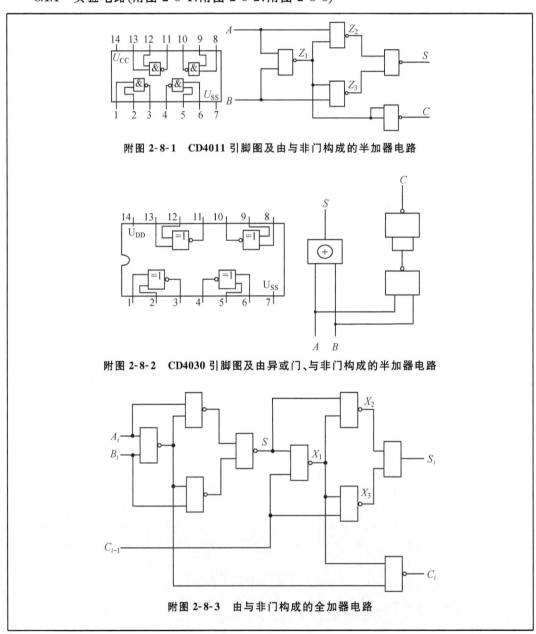

附图 2-8-1 CD4011 引脚图及由与非门构成的半加器电路

附图 2-8-2 CD4030 引脚图及由异或门、与非门构成的半加器电路

附图 2-8-3 由与非门构成的全加器电路

8.1.2 测试注意事项(附表 2-8-1)

附表 2-8-1

类别	注意事项
电路连接	根据电路图和集成电路芯片引脚图,设计实验连接图,即在电路上标出各门电路的引脚编号
测试逻辑电平	接通电源,测量各门电路引脚的电位,转换为对应的逻辑电平,填写真值表
分析逻辑功能	根据真值表,写出相应的逻辑表达式,验证逻辑功能

8.2 测量数据记录

8.2.1 测试逻辑电平及逻辑功能(附表 2-8-2)

附表 2-8-2

测试内容	测试数据								
逻辑电平	逻辑 0 电平对应的电位:_____;逻辑 1 电平对应的电位:_____								
由与非门构成的半加器电路的真值表	A	B	Z_1	Z_2	Z_3	S	C		
	0	0							
	0	1							
	1	0							
	1	1							
由异或门、与非门构成的半加器电路的真值表	A	B	Y_1	S	C				
	0	0							
	0	1							
	1	0							
	1	1							
由与非门构成的全加器电路的真值表(选做)	A	B	C_{i-1}	X_1	X_2	X_3	S	S_i	C_i
	0	0							
	0	1							
	1	0							
	1	1							

8.2.2 写出各点逻辑表达式(附表 2-8-3)

附表 2-8-3

电路	表达式
由与非门构成的半加器电路的逻辑表达式	$Y_1=$ _____ ; $S=$ _____ ; $C=$ _____
由异或门、与非门构成的半加器电路的逻辑表达式	$Z_1=$ _____ ; $Z_2=$ _____ ; $Z_3=$ _____ $S=$ _____ ; $C=$ _____
由与非门构成的全加器电路的逻辑表达式	$X_1=$ _____ ; $X_2=$ _____ ; $X_3=$ _____ $S=$ _____ ; $S_i=$ _____ ; $C_i=$ _____

实验结果评价	

实验室及桌号		实验日期		成绩	
班级		学号		姓名	

实验 9　译码器及其应用

9.1　实验预习内容

9.1.1　实验电路(附图 2-9-1、附图 2-9-2、附图 2-9-3)

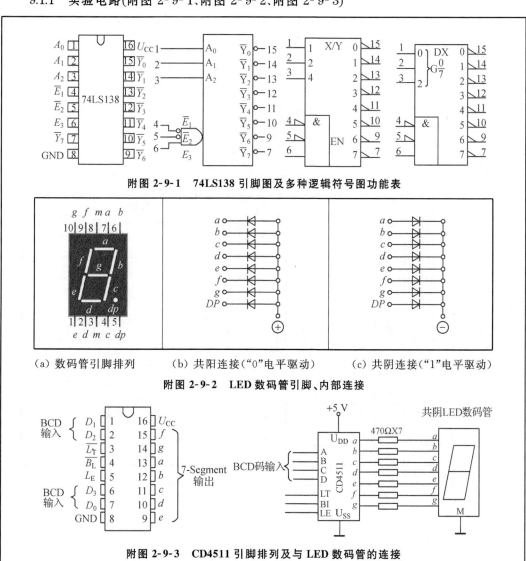

附图 2-9-1　74LS138 引脚图及多种逻辑符号图功能表

（a）数码管引脚排列　　（b）共阳连接("0"电平驱动)　　（c）共阴连接("1"电平驱动)

附图 2-9-2　LED 数码管引脚、内部连接

附图 2-9-3　CD4511 引脚排列及与 LED 数码管的连接

9.1.2 测试注意事项(附表 2-9-1)

附表 2-9-1

类别	注意事项
74LS138 逻辑功能测试	将 74LS138 的 $A_2A_1A_0$ 接逻辑电平开关输出口,八个输出依次接在逻辑电平显示端,测试 74LS138 的逻辑功能,填写功能表。E_3 端接脉冲控制,观察作为数据分配器的功能,核对逻辑功能
CD4511 译码驱动器和 LED 数码管的使用	将 CD4511 与共阴极 LED 数码管按照电路图连接,BCD 码输入连接到码盘上,控制三个控制端连接三个逻辑开关上,观测显示结果做出记录,填写功能表

9.2 测量数据记录(附表 2-9-2)

附表 2-9-2

测试内容	测试数据													
	输入						输出							
	$\overline{E_1}$	$\overline{E_2}$	E_3	A_2	A_1	A_0	$\overline{Y_0}$	$\overline{Y_1}$	$\overline{Y_2}$	$\overline{Y_3}$	$\overline{Y_4}$	$\overline{Y_5}$	$\overline{Y_6}$	$\overline{Y_7}$
74LS138 译码器逻辑功能测试	0	0	1	0	0	0								
	0	0	1	0	0	1								
	0	0	1	0	1	0								
	0	0	1	0	1	1								
	0	0	1	1	0	0								
	0	0	1	1	0	1								
	0	0	1	1	1	0								
	0	0	1	1	1	1								
	1	×	×	×	×	×								
	×	1	×	×	×	×								
	×	×	0	×	×	×								

续表

测试内容	测试数据												
	输入							输出					
	I_E	$\overline{B_L}$	$\overline{L_T}$	D_3	D_2	D_1	D_0	a	b	c	d	e	f	g	显示字形
七段译码驱动器功能测试	0	1	1	0	0	0	0								
	0	1	1	0	0	0	1								
	0	1	1	0	0	1	0								
	0	1	1	0	0	1	1								
	0	1	1	0	1	0	0								
	0	1	1	0	1	0	1								
	0	1	1	0	1	1	0								
	0	1	1	0	1	1	1								
	0	1	1	1	0	0	0								
	0	1	1	1	0	0	1								
	0	1	1	1010—1111											
		0													
	0	1													
	1	1	1												

实验结果评价	

实验 10　触发器与计数器

10.1　实验预习内容

10.1.1　实验电路(附图 2-10-1、附图 2-10-2)

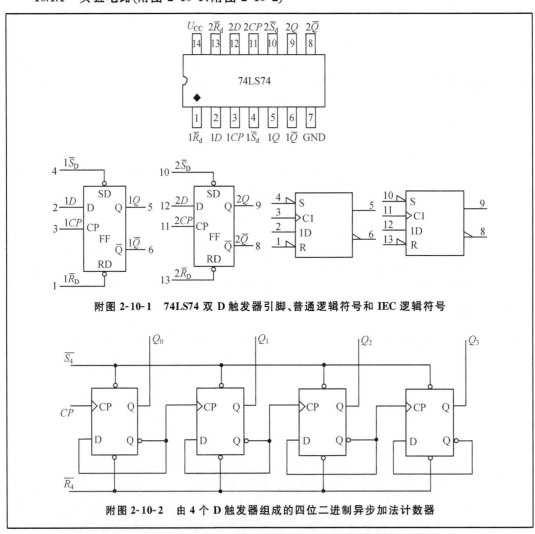

附图 2-10-1　74LS74 双 D 触发器引脚、普通逻辑符号和 IEC 逻辑符号

附图 2-10-2　由 4 个 D 触发器组成的四位二进制异步加法计数器

10.1.2 测试注意事项(附表 2-10-1)

附表 2-10-1

类别	注意事项
74LS74 双 D 触发器逻辑功能测试	根据 74LS74 引脚图,连接测试电路。用 3 个逻辑电平信号连接到 D 触发器的异步置 1 端 $\overline{S}_d$、置零端 $\overline{R}_d$ 和 D 端,用一个单个脉冲信号连接到时钟端 CP,用 2 个电平显示触发器的输出端 Q 和 $\overline{Q}$,验证 D 触发器功能,填写相应的功能表。
四位二进制异步加法计数器逻辑功能测试	根据四位二进制异步加法计数器原理,使用两片 74LS74 连接电路。用 2 个逻辑电平信号连接到异步置 1 端 $\overline{S}_d$、置零端 $\overline{R}_d$。用一个单个脉冲信号连接到时钟端 CP,利用 4 个逻辑电平显示触发器的输出端 Q,验证四位二进制异步加法计数器功能,根据给定的输入波形,画出相应的输出波形图。

10.2 测量数据记录(附表 2-10-2)

附表 2-10-2

测试内容	测试数据
74LS74 逻辑功能测试	D 触发器功能表: $\overline{S}_d$ | $\overline{R}_d$ | D | CP | Q^{n+1} | $\overline{Q^{n+1}}$ 0 | 1 | × | × | | 1 | 0 | × | × | | 0 | 0 | × | × | | 1 | 1 | 0 | ↑ | | 1 | 1 | 1 | ↑ | | 1 | 1 | × | 其他 | |
四位二进制异步加法计数器逻辑功能测试波形图	波形图:$\overline{S}_d$、$\overline{R}_d$、CP、Q_0、Q_1、Q_2、Q_3

10.2.1 **思考题**

1. 时钟端 CP 如果使用普通逻辑电平信号,可能会产生什么结果？（提示：将 D 触发器连接成 T′触发器,观察现象）	
2. 如何利用 2 片 74LS74 构成四位二进制异步减法计数器？	

实验室及桌号		实验日期		成绩	
班级		学号		姓名	

实验 11　脉冲信号源的制作和脉冲分配器的应用

11.1　实验预习内容

11.1.1　实验电路(附图 2-11-1、附图 2-11-2、附图 2-11-3)

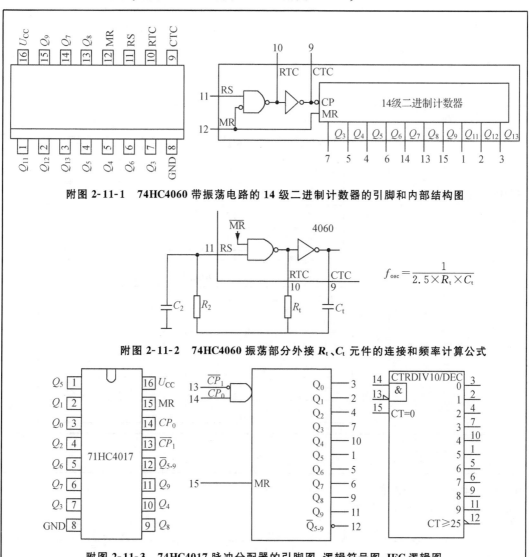

附图 2-11-1　74HC4060 带振荡电路的 14 级二进制计数器的引脚和内部结构图

附图 2-11-2　74HC4060 振荡部分外接 R_t、C_t 元件的连接和频率计算公式

附图 2-11-3　74HC4017 脉冲分配器的引脚图、逻辑符号图、IEC 逻辑图

11.1.2 测试注意事项(附表 2-11-1)

附表 2-11-1

类别	注意事项
74HC4060 的功能测试	利用外接 R_t、C_t 元件,可产生振荡信号,通常 $R_2 \gg R_t$,$C_2 \times R_2 \ll C_t \times R_t$。也可从 RS 端输入脉冲信号。测量时,MR 接地。用示波器观察 9 脚 CTC 和各 Q 端的输出波形,测试 Q_3、Q_9、Q_{13} 的波形和频率,并做出记录
74HC4017 的功能测试	利用逻辑电平信号和单个脉冲信号测试 74HC4017 的逻辑功能。用逻辑电平信号和单个脉冲信号连接到 MR 端、时钟端 CP_0 和 $\overline{CP_1}$,利用逻辑电平显示计数器的输出端 $Q_0 \sim Q_9$,验证 74HC4017 功能,列出功能表

11.2 测量数据记录(附表 2-11-2)

附表 2-11-2

测试内容	测试数据		
CD4060 的功能测试	引脚名称	引脚编号	波形图(标注频率或周期)
	CTC	9	
	Q_4	7	
	Q_9	13	
	Q_1	43	

测试内容	功能表			
74HC4017 的功能测试	MR	CP_0	$\overline{CP_1}$	功能说明
	1	×	×	
	0	0	×	
	0	×	1	
	0	1	↓	
	0	↑	0	

11.2.1 思考题

1. 如设 74HC4060 的 Q_{13} 频率为 f_1,则 Q_4、Q_7、Q_{12} 的频率分别为多少?	
2. 如何利用 74HC4017 构成 N 进制计数器?($N<10$)	
3. 74HC4017 的 12 脚 $\overline{Q_{5-9}}$ 的输出信号与其他 $Q_0 \sim Q_9$ 有什么关系?	

实验室及桌号		实验日期		成绩	
班级		学号		姓名	

实验 12 555 时基电路及应用

12.1 实验预习内容

12.1.1 实验电路(附图 2-12-1、附图 2-12-2、附图 2-12-3、附图 2-12-4)

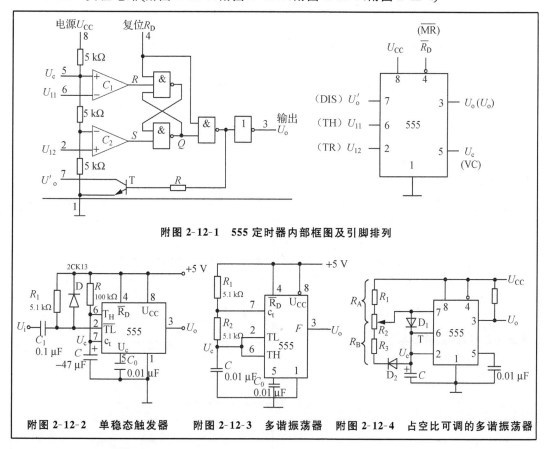

附图 2-12-1 555 定时器内部框图及引脚排列

附图 2-12-2 单稳态触发器   附图 2-12-3 多谐振荡器   附图 2-12-4 占空比可调的多谐振荡器

12.1.2 测试注意事项(附表 2-12-1)

附表 2-12-1

类别	注意事项
单稳态触发器	按附图 2-12-2 连线,$R=100$ kΩ,$C=47$ μF,输出接 LED 电平指示器。输入信号 U_i 由单次脉冲源提供,用双踪示波器观测 U_i、U_c、U_o 波形。测定幅度与暂稳时间(用手表计时)
多谐振荡器	电路没有稳态,仅存在两个暂稳态,电路亦不需要外加触发信号,利用电源通过 R_1、R_2 向 C 充电,以及 C 通过 R_2 向放电端 c_t 放电,产生振荡。按附图 2-12-3 接线,用双踪示波器观测 U_c 与 U_o 波形,测定频率

续表

类别	注意事项
占空比可调的多谐振荡器	相比较多谐振荡器,附图 2-12-4 电路中增加了一个电位器和两个引导二极管。D_1、D_2 用来决定电容充、放电电流流经电阻的途径。占空比:$q = \frac{t_{w1}}{t_{w1}+t_{w2}} \approx \frac{0.7R_AC}{0.7C(R_A+R_B)} = \frac{R_A}{R_A+R_B}$,若 $R_A=R_B$,则电路即可输出占空比为 50% 的方波信号

12.2 测量数据记录（附表 2-12-2）

附表 2-12-2

测试内容	测试数据
单稳态触发器（测定幅度和暂稳时间）	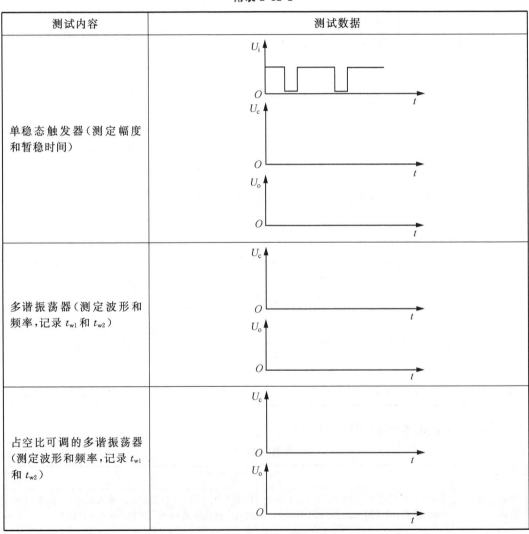
多谐振荡器（测定波形和频率,记录 t_{w1} 和 t_{w2}）	
占空比可调的多谐振荡器（测定波形和频率,记录 t_{w1} 和 t_{w2}）	

12.2.1 思考题

1. 单稳态电路输出脉冲宽度为多少？对输入触发信号有何要求？	
2. 附图 2-12-3 和附图 2-12-4 多谐振荡器振荡频率的估算公式是什么？	
3. 利用 555 电路如何构成一个施密特触发器？利用该触发器如何进一步构成一个多谐振荡器？请画出电路图。	